高等职业教育土木建筑类专业新形态教材

BIM建筑工程计量

主　编　宋丽伟　史　楠
副主编　王英丽　曹　帅　张　寰
　　　　王旭阳　彭　阁

北京理工大学出版社
BEIJING INSTITUTE OF TECHNOLOGY PRESS

内容提要

本书根据《建筑工程建筑面积计算规范》(GB/T 50353—2013)、《房屋建筑与装饰工程工程量计价规范》(GB 50854—2013)、《吉林省建筑工程计价定额》(JLJD-JZ-2019) 和《吉林省装饰工程计价定额》(JLJD-ZS-2019) 等相关标准文件进行编写，详细阐述了建筑工程量计算的规则与计算方法。全书除绪论外，主要内容包括工程量计算概述，建筑面积计算，土石方工程量计算——平整场地、挖土工程，桩与地基基础工程量计算，回填土与土方运输工程量计算，砌筑工程工程量计算，混凝土及钢筋混凝土工程量计算，金属结构与木结构工程量计算，屋面及防水工程量计算，防腐、保温隔热工程量计算，建筑工程措施项目工程量计算，楼地面工程量计算，墙、柱面装饰与隔断、幕墙工程量计算，天棚工程量计算，门窗工程量计算，油漆、涂料、裱糊工程工程量计算，其他装饰工程工程量计算，装饰工程措施项目工程量计算。本书采用项目化工作手册形式，配套施工图纸和工作手册，以配套图纸的全过程计算为例，教材内容更加系统化。

本书可作为高等院校土木工程类相关专业的教材，也可作为建筑工程施工技术及管理人员的参考用书。

版权专有　侵权必究

图书在版编目 (CIP) 数据

BIM 建筑工程计量 / 宋丽伟，史楠主编 . -- 北京：北京理工大学出版社，2023.8 (2023.9 重印)
ISBN 978-7-5763-1960-6

Ⅰ . ①B… Ⅱ . ①宋… ②史… Ⅲ . ①建筑工程—计量—应用软件 Ⅳ . ① TU723.32-39

中国版本图书馆 CIP 数据核字 (2022) 第 258689 号

出版发行 / 北京理工大学出版社有限责任公司	
社　　址 / 北京市海淀区中关村南大街5号	
邮　　编 / 100081	
电　　话 / (010) 68914775 (总编室)	
(010) 82562903 (教材售后服务热线)	
(010) 68944723 (其他图书服务热线)	
网　　址 / http://www.bitpress.com.cn	
经　　销 / 全国各地新华书店	
印　　刷 / 北京紫瑞利印刷有限公司	
开　　本 / 787毫米×1092毫米　1/16	
印　　张 / 17.5	责任编辑 / 钟　博
字　　数 / 372千字	文案编辑 / 钟　博
版　　次 / 2023年8月第1版　2023年9月第2次印刷	责任校对 / 周瑞红
定　　价 / 49.80元 (含配套任务书)	责任印制 / 王美丽

图书出现印装质量问题，请拨打售后服务热线，本社负责调换

前 言

具有悠久历史的建筑业，其技术工艺、工程材料、管理模式都已经相当成熟，但是工程项目的造价水平长期较低，整体利润率很低，在顶层设计都坚持创新的大环境下，基建造价有必要不断提高科技水平。传统的建筑业要提质增效，必须有科技和创新赋能，党的二十大报告中提出"科技是第一生产力，人才是第一资源，创新是第一动力"。在施工方面要不断采用"四新技术"，在工程造价管理方面，加大数字化、信息化、BIM技术、智慧工地建设等投入，从而更精准地控制造价，提高工程效率。本书编写时融入习近平新时代中国特色社会主义思想和党的二十大精神，以打造专业实用型人才为基点，突出实用、够用的教育特色，从理论基础知识切入，以工程案例为载体，再通过BIM建模对量修正，将工程计量全过程形成闭环，最大限度地满足教学需要。

本书以建筑工程造价编制工作的岗位标准和职业能力为依据，以学生职业能力培养和职业素养的养成为重点，依托实际工作任务，按照实际工作过程进行编写，体现了培养专业技能型人才的教学理念。本书以一个繁简适度的小型工程项目实例为载体，以建筑工程计量工作过程为主干线，围绕计量工作过程所需的能力，建立任务模块，以项目进展引导能力扩展，按建筑工程计量基础能力训练层层展开，步步深入，并配有完整的编制实例，从而培养学生的职业能力和职业素养。

为适应建设市场的发展需求，培养符合时代要求的专业性及实用型人才，我们从理论和实际相结合的角度编写了《BIM建筑工程计量》一书。本书有如下特色：

（1）本书系统地阐述了建筑工程造价的基础知识，内容由浅入深，本着能力本位的思想，坚持专业知识够用的原则，注重实践能力训练，达到让学生理解基本概念、熟悉一般规定、掌握建筑装饰工程量计算方法的目的。

（2）本书根据高等院校教育特点，重点突出了教材的实用性，以建筑工程计量实例作为例题，引导学生在课本中学习工作经验，掌握所学内容，强化学生的建筑工程计量的动手能力，提升学生的职业技能。

（3）本书在编写前调查了大量相关专业用人单位对人才的期望，为了满足社会需求及培养需要，编者在本书中更注重工程计量技能的编写，从而使学生能轻松地实现学校学习与社会工作的衔接。

（4）本书采用的资料主要有《吉林省建筑工程计价定额》（JLJD-Z-2019）、《吉林省装饰工程计价定额》（JLJD-JZ-2019）、《混凝土结构施工平面整体表示方法制图规则和构造详图》（22G101）等。

（5）本书采用"软件计量+教材"的形式编写，对实例工程中的主要构件，通过应用广联达软件做成三维模型。构件的形状、尺寸及构件之间的扣减关系直观、清晰、明了，并配有原始数据计算过程，使得教学实例化、直观化，浅显易懂。

另外，本书在智慧树有在线课程开放网站（https://coursehome.zhihuishu.com/courseHome/1000086009#teachTeam），满足个性化学习要求，助推线上线下混合教学模式改革。

本书由吉林电子信息职业技术学院宋丽伟、史楠担任主编，吉林电子信息职业技术学院王英丽、曹帅、张寰、王旭阳和广联达科技股份有限公司彭阁担任副主编。具体编写分工为：绪论、任务1～任务7由宋丽伟编写，任务8～任务13由史楠编写，任务14～任务18由曹帅编写，全书的广联达软件出图计算由王英丽编写，全书的原始数据计算由王旭阳编写；本书配套任务书由张寰编写，图纸绘制及修改由彭阁完成。全书由宋丽伟负责组织编写并负责全书统稿工作。

本书编写过程中参考了许多国内外专家学者和同行的研究成果，在此表示深深的敬意和诚挚的谢意！

由于编写时间仓促，编者水平有限，书中难免存在不足之处，恳请广大读者不吝指正。

编　者

目 录

绪论 1

任务 1　工程量计算概述 2

1.1　工程量解析 2
   1.1.1　工程量的定义 2
   1.1.2　工程量的作用 2
   1.1.3　工程量计算的依据 3
   1.1.4　工程量计算的原则 3
1.2　工程量计算流程 3
   1.2.1　工程量计算的步骤 3
   1.2.2　工程量计算的顺序 4
1.3　建筑基数计算 5
   1.3.1　项目背景介绍 5
   1.3.2　计算公式 5
   1.3.3　计算准备 5
   1.3.4　建筑基数计算 6

任务 2　建筑面积计算 7

2.1　任务描述 7
   2.1.1　任务引入 7
   2.1.2　任务要求 7
2.2　计算规则与解析 8
   2.2.1　计算建筑面积的范围 8
   2.2.2　不计算建筑面积的范围 13
   2.2.3　计算规则编制说明 14
2.3　任务实施 14
   2.3.1　计算准备 14
   2.3.2　计算建筑面积 14
2.4　任务小结 15
   2.4.1　计算建筑面积应注意的问题 15

   2.4.2　与建筑面积有关的其他问题 16
   2.4.3　建筑面积的作用 16
   2.4.4　课后任务 16

任务 3　土石方工程量计算——平整场地、挖土工程 17

3.1　任务描述 17
   3.1.1　任务引入 17
   3.1.2　任务要求 17
3.2　计算规则与解析 18
   3.2.1　工程量计算前应确定的资料 18
   3.2.2　工程量计算规则及解析 21
3.3　任务实施 26
   3.3.1　计算准备 26
   3.3.2　工程量计算 26
   3.3.3　典型挖土形式计算案例 28
3.4　任务小结 28
   3.4.1　计算挖土工程量应注意的问题 ... 28
   3.4.2　计算说明 28
   3.4.3　课后任务 29

任务 4　桩与地基基础工程量计算 30

4.1　任务描述 30
   4.1.1　任务引入 30
   4.1.2　任务要求 30
4.2　计算规则与解析 31
   4.2.1　工程量计算前应确定的问题 31
   4.2.2　工程量计算规则 35
4.3　任务实施 43
   4.3.1　计算准备 43
   4.3.2　工程量计算 44

4.3.3 典型基础形式计算案例 ············ 47
4.4 任务小结 ································ 47
4.4.1 计算挖土工程量应注意的问题 ······ 47
4.4.2 计算说明 ····························· 47
4.4.3 课后任务 ····························· 47

任务 5 回填土与土方运输工程量计算 ······ 48

5.1 任务描述 ································ 48
5.1.1 任务引入 ····························· 48
5.1.2 任务要求 ····························· 48
5.2 计算规则与解析 ······················· 48
5.2.1 工程量计算前应确定的问题 ·········· 48
5.2.2 计算规则与解析 ····················· 49
5.3 任务实施 ································ 51
5.3.1 计算准备 ····························· 51
5.3.2 工程量计算 ··························· 51
5.3.3 典型挖土及基础形式计算案例 ······ 53
5.4 任务小结 ································ 53
5.4.1 计算回填土与运土工程量应注意的问题 ····························· 53
5.4.2 计算说明 ····························· 53
5.4.3 课后任务 ····························· 53

任务 6 砌筑工程工程量计算 ············ 54

6.1 任务描述 ································ 54
6.1.1 任务引入 ····························· 54
6.1.2 任务要求 ····························· 54
6.2 计算规则与解析 ······················· 55
6.2.1 工程量计算前应确定的问题 ·········· 55
6.2.2 计算规则与解析 ····················· 56
6.2.3 与砌筑工程量计算有关的其他概念及说明 ························· 60
6.3 任务实施 ································ 62
6.3.1 计算准备 ····························· 62
6.3.2 工程量计算 ··························· 63
6.3.3 典型砌筑工程计算案例 ············· 65
6.4 任务小结 ································ 67
6.4.1 计算砌筑工程量应注意的问题 ······ 67

6.4.2 计算说明 ····························· 68
6.4.3 课后任务 ····························· 68

任务 7 混凝土及钢筋混凝土工程量计算 ······ 69

7.1 任务描述 ································ 69
7.1.1 任务引入 ····························· 69
7.1.2 任务要求 ····························· 69
7.2 计算规则与解析 ······················· 70
7.2.1 工程量计算前应确定的问题 ·········· 70
7.2.2 计算规则与解析 ····················· 75
7.3 任务实施 ································ 82
7.3.1 计算准备 ····························· 82
7.3.2 工程量计算 ··························· 83
7.4 任务小结 ································ 86
7.4.1 计算混凝土工程量应注意的问题 ······ 86
7.4.2 计算说明 ····························· 86
7.4.3 课后任务 ····························· 86

任务 8 金属结构与木结构工程量计算 ······ 87

8.1 任务描述 ································ 87
8.1.1 任务引入 ····························· 87
8.1.2 任务要求 ····························· 87
8.2 计算规则与解析 ······················· 88
8.2.1 工程量计算前应确定的问题 ·········· 88
8.2.2 计算规则与解析 ····················· 90
8.3 任务实施 ································ 93
8.4 任务小结 ································ 93
8.4.1 计算金属结构与木结构工程量应注意的问题 ························· 93
8.4.2 计算说明 ····························· 93
8.4.3 课后任务 ····························· 93

任务 9 屋面及防水工程量计算 ······ 94

9.1 任务描述 ································ 94
9.1.1 任务引入 ····························· 94
9.1.2 任务要求 ····························· 94
9.2 计算规则与解析 ······················· 95

9.2.1 工程量计算前应确定的问题……95
9.2.2 计算规则与解析……96
9.3 任务实施……103
9.3.1 计算准备……103
9.3.2 工程量计算……105
9.4 任务小结……106
9.4.1 计算屋面防水工程量应注意的问题……106
9.4.2 计算说明……106
9.4.3 课后任务……106

任务10 防腐、保温隔热工程量计算……107

10.1 任务描述……107
10.1.1 任务引入……107
10.1.2 任务要求……107
10.2 计算规则与解析……108
10.2.1 工程量计算前应确定的问题……108
10.2.2 计算规则与解析……108
10.3 任务实施……115
10.3.1 计算准备……115
10.3.2 工程量计算……116
10.4 任务小结……117
10.4.1 计算挖土工程量应注意的问题……117
10.4.2 计算说明……117
10.4.3 课后任务……117

任务11 建筑工程措施项目工程量计算……118

11.1 任务描述……118
11.1.1 任务引入……118
11.1.2 任务要求……118
11.2 计算规则与解析……118
11.2.1 工程量计算前应确定的问题……118
11.2.2 计算规则与解析……121
11.3 任务实施……123
11.3.1 计算准备……123
11.3.2 工程量计算……123
11.3.3 典型脚手架计算案例……124
11.4 任务小结……124
11.4.1 计算挖土工程量应注意的问题……124

11.4.2 计算说明……124
11.4.3 课后任务……124

任务12 楼地面工程量计算……125

12.1 任务描述……125
12.1.1 任务引入……125
12.1.2 任务要求……126
12.2 计算规则与解析……126
12.3 任务实施……131
12.3.1 计算准备……131
12.3.2 工程量计算……132
12.4 任务小结……134
12.4.1 计算楼地面工程量应注意的问题……134
12.4.2 课后任务……134

任务13 墙、柱面装饰与隔断、幕墙工程量计算……135

13.1 任务描述……135
13.1.1 任务引入……135
13.1.2 任务要求……135
13.2 计算规则与解析……135
13.3 任务实施……142
13.3.1 计算准备……142
13.3.2 工程量计算……142
13.4 任务小结……145
13.4.1 计算楼墙、柱面工程量应注意的问题……145
13.4.2 课后任务……145

任务14 天棚工程量计算……146

14.1 任务描述……146
14.1.1 任务引入……146
14.1.2 任务要求……146
14.2 计算规则与解析……146
14.2.1 天棚抹灰……146
14.2.2 天棚吊顶……148
14.2.3 天棚其他装饰……149
14.3 任务实施……149
14.3.1 计算准备……149

14.3.2 工程量计算……150
14.4 任务小结……151
14.4.1 计算天棚工程量应注意的问题……151
14.4.2 课后任务……151

任务15 门窗工程量计算……153

15.1 任务描述……153
15.1.1 任务引入……153
15.1.2 任务要求……154
15.2 计算规则与解析……154
15.2.1 木门……154
15.2.2 金属门、窗……155
15.2.3 金属卷帘（闸）……157
15.2.4 厂库房大门、特种门……158
15.2.5 其他门……158
15.2.6 门钢架、门窗套……160
15.2.7 窗台板、窗帘盒、轨……160
15.2.8 门五金……161
15.3 任务实施……162
15.3.1 计算准备……162
15.3.2 工程量计算……162
15.4 任务小结……165
15.4.1 计算门窗工程量应注意的问题……165
15.4.2 相关知识补充：门框与门套的区别……165
15.4.3 课后任务……165

任务16 油漆、涂料、裱糊工程工程量计算……166

16.1 任务描述……166
16.1.1 任务引入……166
16.1.2 任务要求……166
16.2 计算规则与解析……166
16.3 任务实施……175
16.3.1 计算准备……175
16.3.2 工程量计算……175
16.4 任务小结……176
16.4.1 计算油漆、涂料、裱糊工程工程量应注意的问题……176
16.4.2 课后任务……176

任务17 其他装饰工程工程量计算……177

17.1 任务描述……177
17.1.1 任务引入……177
17.1.2 任务要求……177
17.2 计算规则与解析……177
17.2.1 柜类、货架……177
17.2.2 压条、装饰线……178
17.2.3 扶手、栏杆、栏板装饰……178
17.2.4 暖气罩……179
17.2.5 浴厕配件……179
17.2.6 雨篷、旗杆……180
17.2.7 招牌、灯箱……180
17.2.8 美术字……180
17.2.9 石材、瓷砖加工……180
17.3 任务实施……181
17.4 任务小结……181
17.4.1 计算其他工程量应注意的问题……181
17.4.2 课后任务……181

任务18 装饰工程措施项目工程量计算……182

18.1 任务描述……182
18.1.1 任务引入……182
18.1.2 任务要求……182
18.2 计算规则与解析……183
18.2.1 垂直运输……183
18.2.2 超高增加费……183
18.3 任务实施……183
18.4 任务小结……183
18.4.1 计算措施项目工程量应注意的问题……183
18.4.2 课后任务……183

附录 《BIM建筑工程计量》配套图纸……184

参考文献……223

绪 论

1. 工程造价的定义

工程造价的直意就是工程的建造价格。编制工程造价文件的三要素是量、价、费。广义上工程造价涵盖建设工程造价（土建专业和安装专业）、公路工程造价、水运工程造价、铁路工程造价、水利工程造价、电力工程造价、通信工程造价、航空航天工程造价等。工程造价是指进行某项工程建设所花费的全部费用，其核心内容是投资估算、设计概算、修正概算、施工图预算、工程结算、竣工决算等。工程造价的主要任务是根据图纸、定额及清单规范，计算出工程中所包含的人工费、材料费及设备、施工机具使用费、企业管理费、措施费、规费、利润及税金等。

从事工程造价的工作人员主要涉及的能力应包括熟悉各专业工程技术规范、造价定额及有关建设管理制度，熟悉各专业工程的计量规则，具有较强的工程量计算能力，能编制项目各阶段造价文件，熟练应用造价软件，有一定的资料管理能力等。

2. 建筑工程造价的内容

(1) 各类房屋建筑工程和列入房屋建筑工程造价的供水、供暖、供电、卫生、通风、煤气等设备的费用与其装饰、油饰工程的费用，以及列入建筑工程造价的各种管道、电力、电信和电缆导线敷设工程的费用。

(2) 设备基础、支柱、工作台、烟囱、水塔、水池等建筑工程及各种窑炉的砌筑工程和金属结构工程的费用。

(3) 为施工而进行的场地平整、工程及水文地质勘察，原有建筑物和障碍物的拆除及施工临时用水、电、气、路和完工后的场地清理、环境绿化、美化等工程的费用。

(4) 矿井开凿、开凿延伸、露天矿剥离、石油、天然气钻井，修建铁路、公路、桥梁、水库、堤坝、灌渠及防洪等工程的费用。

3. 课程内容

根据工程造价岗位工作流程，编制计价文件的首要工作任务是完成工程量计算，工程量的准确与否直接影响工程造价，因此，本书依据工程量计算规则，结合实际案例图纸，设计学习任务，以确保工程量计算的准确度。

任务 1 工程量计算概述

学习目标

1. 了解建筑工程量的概念及其在工程造价中的作用。
2. 掌握工程量计算的依据。
3. 掌握工程量计算的流程和方法。
4. 熟悉建筑基数的内容和作用。

1.1 工程量解析

1.1.1 工程量的定义

工程量即工程的实物数量,是以物理计量单位或自然计量单位所表示的各个分项或子分项工程和构配件的数量。工程量是以自然计量单位或物理计量单位表示的各分项工程或结构构件的工程数量。

1.1.2 工程量的作用

(1)工程量是确定建筑工程造价的重要依据。准确计算工程量,才能正确计算定额直接费,才能合理确定工程造价。

(2)工程量是施工企业进行生产经营管理的重要依据。工程量是编制施工组织设计、安排作业进度、组织材料供应计划、进行统计工作和实现经济核算的重要依据。

(3)工程量是业主管理工程建设的重要依据。工程量是编制建设计划、筹集资金、安排工程价款的拨付和结算、进行财务管理和核算的重要依据。

工程量是建筑工程项目经济管理、工程造价控制的核心任务,正确、快速地计算工程量是这一核心任务的首要工作。工程量计算是编制工程造价的基础工作,具有工作量较大、烦琐、费时、细致等特点，占编制整项工程造价工作量的50%~70%，而且其精确度和快慢程度将直接影响预算的质量与速度。

1.1.3 工程量计算的依据

(1)图纸与图集。施工图纸及配套的标准图集，是工程量计算的基础资料和基本依据。因为施工图纸全面反映建筑物(或构筑物)的结构构造、各部位的尺寸及工程做法。

(2)定额与规范。根据工程计价的方式不同(定额计价或工程量清单计价)，计算工程量应选择相应的工程量计算规则，编制施工图预算，应按预算定额及其工程量计算规则算量；若工程招标投标编制工程量清单，应按清单计价规范的工程量计算规则算量。

本书主要依据《吉林省建筑工程计价定额》(JLJD-JZ-2019)中工程量计算规则进行解析。

(3)施工组织设计或施工方案。施工图纸主要表现拟建工程的实体项目。分项工程的具体施工方法及措施应按施工组织设计或施工方案确定。如计算挖基础土方，施工方法是采用人工开挖，还是采用机械开挖，基坑周围是否需要放坡、预留工作面或做支撑防护等，应以施工组织设计或施工方案为计算依据。

(4)经确定的其他有关技术经济文件。

1.1.4 工程量计算的原则

分项工程和结构构件的工程量是编制施工图预算最重要的基础性数据，工程量计算准确与否直接影响工程造价的准确性，为快速准确地计算工程量，计算时应遵循以下原则：

(1)计算工程量的项目与相应的定额项目在工作内容、计量单位、计算方法、计算规则上要一致。

(2)工程量计算精度应统一。

(3)要避免漏算、错算、重复计算。

(4)尺寸取定应准确。

1.2 工程量计算流程

1.2.1 工程量计算的步骤

(1)熟悉施工图纸。

1)熟悉房屋的开间、进深、跨度、层高、总高。

开间：两横墙间距离；进深：两纵墙间距离。

横墙：沿建筑物短轴方向布置的墙；纵墙：沿建筑物长轴方向布置的墙。

2)弄清楚建筑物各层平面和层高是否有变化及室内外高差。

3)图纸上有门窗表、混凝土构件表和钢筋下料长度表时,应选择1～2种构件进行抽样校核。

4)了解屋面做法是刚性还是柔性。

5)大致了解内墙面、楼地面、天棚和外墙面的装饰做法。

6)不必核对图中尺寸是否正确,无须仔细阅读大样详图,因为在计算工程量时仍然还要查看图纸。

7)图中若有建筑面积时,必须校核,不能直接取用。

(2)计算建筑基数。基数是基础性数据的简称,是在计算分项工程工程量时,许多项目的计算中反复、多次利用到的一些基本数据。土建工程定额计价(施工图预算)中,工程量计算基数主要有外墙中心线($L_中$)、内墙净长线($L_内$)、外墙外边线($L_外$)、底层建筑面积($S_底$),这些数据就是基数。

(3)列出分项工程的名称。对于不同的分部工程,应按施工图列出其所包含的分项工程的项目名称,以方便工程量的计算。

(4)列表计算工程量。

1.2.2 工程量计算的顺序

为避免漏算或重复计算,计算工程量时应按照一定的顺序进行。

1. 按施工的先后顺序计算

按施工先后顺序依次计算工程量,即按场地平整、挖土、基础垫层、基础、回填土、砌筑、钢筋混凝土、屋面、抹灰、楼梯面、门窗、粉刷、油漆等分项工程进行计算。

本书按此顺序进行计算讲解。

2. 按定额顺序计算

按本地定额中的分项编排顺序计算工程量,即从定额的第一分部第一项开始,对照施工图纸,凡遇到定额所列项目,在施工图中有的,就按该分部工程量计算规则计算出工程量;凡遇到定额所列项目,在施工图中没有,就忽略,继续看下一个项目;若遇到有的项目,其计算数据与其他分部的项目数据有关,则先将项目列出,其工程量待有关项目工程量计算完成后,再进行计算。

例如,当计算墙体砌筑工程量时,需扣除门窗及嵌入墙内的混凝土及钢筋混凝土构件所占体积,这时可先将墙体砌筑项目列出,工程量计算暂缓一步,待混凝土及钢筋混凝土工程与门窗工程量计算完毕后,再利用该计算数据补算出墙体砌筑工程量。

按定额顺序计算工程量的方法,对初学者可以有效地防止漏算、重算现象。

3. 按图纸规律顺序计算

(1)按顺时针方向计算。从平面图左上角开始,按顺时针方向依次计算。外墙从左上角开始,依箭头所指示的次序计算,绕一周后又回到左上角。此方法适用于外墙、外墙基础、外墙挖地槽、楼地面、天棚、室内装饰等工程量的计算。

(2)按"先横后竖、先上后下、先左后右"的顺序计算。以平面图上的横竖方向分别从左到右或从上到下依次计算，此方法适用于内墙、内墙挖地槽、内墙基础和内墙装饰等工程量的计算。

(3)按构件编号顺序计算。在图纸上注明记号，按照各类不同的构配件，如柱、梁、板等编号，顺序地按柱 KZ1、KZ2、KZ3、KZ4……梁 KL1、KL2、KL3……板 B1、B2、B3……构件编号依次计算。

(4)按轴线编号顺序计算。对于复杂工程，计算墙体、柱子和内外粉刷时，仅按上述顺序计算还可能发生重复或遗漏，这时，可按图纸上的轴线顺序进行计算，并将其部位以轴线号表示出来。如位于Ⓐ轴线上的外墙，轴线长为①～②，可标记为Ⓐ：①～②。此方法适用于内外墙挖地槽、内外墙基础、内外墙砌体、内外墙装饰等工程量的计算。

1.3 建筑基数计算

1.3.1 项目背景介绍

我方(某施工单位)通过招标公告得知某学校将新建办公楼，经过调查研究得知该办公楼的拟建规模与投资均符合我公司资质，遂我方有意承建该项目的土建工程，于是在获得该办公楼的招标文件后，立即组织人员编制投标书，招标文件采取定额计价模式，遂我方编制的投标文件为定额计价模式。我方的第一项工作便是按照《吉林省建筑工程计价定额》(JLJD—JZ—2019)、《吉林省装饰工程计价定额》(JLJD—ZS—2019)、《混凝土结构施工图平面整体表示方法制图规则和构造详图》(22G101)及相关图集做法的工程量计算规则与规定进行工程量计算。

1.3.2 计算公式

(1)外墙外边线：指外墙外侧与外侧之间的距离。其计算公式如下：
$$L_{外} = 外墙定位轴线长 + 外墙定位轴线至外墙外侧的距离$$

(2)外墙中心线：指外墙中心线至中心之间的距离。其计算公式如下：
$$L_{中} = 外墙定位轴线长 + 外墙定位轴线至外墙中心线的距离$$

(3)内墙净长线：指内墙与外墙(内墙)交点之间的距离。其计算公式如下：
$$L_{内} = 外墙定位轴线长 - 墙定位轴线至所在墙体内侧的距离$$

(4)底层建筑面积：指建筑物底层建筑面积($S_{底}$)，其计算公式见建筑面积计算规则。

注：在计算"三线一面"时，如果建筑物的各层平面布置完全一样，墙厚只有一种，那么只确定外墙中心线($L_{中}$)、内墙净长线($L_{内}$)、外墙外边线($L_{外}$)、底层建筑面积($S_{底}$)四个数据即可；如果某一建筑物的各层平面布置不同，墙体厚度有两种以上，那么要根据具体情况来确定基数。

1.3.3 计算准备

本书以某办公楼施工图纸为计算实例，在正式计算之前，结合以下问题，熟悉施工图纸关键信息。

各组根据施工图纸及实际测绘感观，结合计算规则回答以下问题：

(1)该建筑物使用功能及主要技术经济指标为_____。

(2)该建筑物共有_____层，檐高是_____m，结构类型是_____，设防烈度为_____，建筑工程等级为_____，设计使用年限是_____，耐火等级为_____，抗震等级为_____。

(3)该建筑物的室内地坪相对标高是_____，室外地坪相对标高是_____。

(4)建筑物总长是_____，总宽是_____，楼梯开间尺寸是_____，进深尺寸是_____。

(5)建筑物的外墙定位轴线通过墙体的_____(中或偏)轴线，内墙定位轴线通过墙体的_____(中或偏)轴线。

(6)建筑物外墙厚是_____，保温板厚度为_____，其材质是_____。

(7)计算外墙外边线长度时是否包括保温材料厚度？_____。

1.3.4 建筑基数计算

任务要求：课上完成首层外墙外边线及外墙中心线计算，其余各层基数课下完成，并整理至工程量计算书。

说明：本节只需计算外墙外边线、外墙中心线及内墙净长线，底层建筑面积下次任务计算。

以首层为例，详见附录图纸(建施-02)：

$L_{外} = [29.04 + (7.8 + 4 + 3.2 + 0.12 \times 2)] \times 2 = 88.56(m)$

$L_{中} = [(29.04 - 0.12 \times 2) + (7.8 + 4 + 3.2)] \times 2 = 87.6(m)$

$L_{内} = (7.8 + 7.2 - 0.12 \times 2) \times 3 + (7.8 - 0.12 \times 2) \times 2 + (7.8 + 1.2 + 0.38 + 0.22 - 0.12) + (7.2 - 0.12 \times 2) \times 2 + (3.2 - 0.12 \times 2) + (3.3 - 0.12 \times 2) + (1.8 - 0.12 \times 2) + (3.9 - 0.12 \times 2) \times 4$

$= 105.02(m)$

任务 2 建筑面积计算

学习目标

1. 掌握计算建筑面积的范围及计算规则。
2. 掌握不计算建筑面积的范围。
3. 能根据建筑面积计算规则及图纸准确计算建筑面积。
4. 了解计算建筑面积应注意的问题。

2.1 任务描述

建筑面积是指建筑物各层水平面积的总和，也就是建筑物外墙勒脚以上各层水平投影面积的总和，是以平方米反映房屋建筑建设规模的实物量指标。

2.1.1 任务引入

熟悉施工图纸，由于图纸上给出的建筑面积不能直接使用，于是我方造价员（学生）要根据主管（教师）提供的《吉林省建筑工程计价定额》(JLJD—JZ—2019)（以下简称定额）中规定的计算规则进行建筑面积的校核计算，该计算不套取费用。

2.1.2 任务要求

各组根据已经计算完成的建筑基数及建筑面积计算规则计算该建筑物建筑面积，各组成员每人计算一层，最后汇总。

2.2 计算规则与解析

2.2.1 计算建筑面积的范围

说明：定额建筑面积的计算是以勒脚以上外墙结构外边线计算，勒脚是墙根部很矮的一部分墙体加厚，不能代表整个外墙结构，因此要扣除勒脚墙体加厚的部分。

(1)建筑物的建筑面积应按自然层外墙结构外围水平面积之和计算。结构层高在 2.20 m 及以上的，应计算全面积；结构层高在 2.20 m 以下的，应计算 1/2 面积。

(2)建筑物内设有局部楼层时，对于局部楼层的二层及以上楼层，有围护结构的应按其围护结构外围水平面积计算，无围护结构的应按其结构底板水平面积计算(图 2-1)。结构层高在 2.20 m 及以上的，应计算全面积；结构层高在 2.20 m 以下的，应计算 1/2 面积。

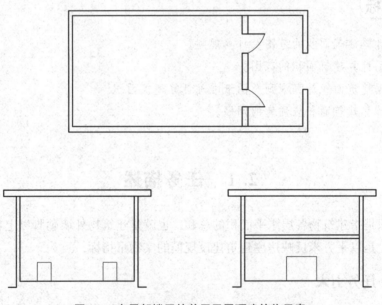

图 2-1 有局部楼层的单层平屋顶建筑物示意

(3)形成建筑空间的坡屋顶，结构净高在 2.10 m 及以上的部位应计算全面积；结构净高在 1.20 m 及以上至 2.10 m 以下的部位应计算 1/2 面积；结构净高在 1.20 m 以下的部位不应计算建筑面积(图 2-2)。

解析： 单层建筑物应按不同的高度确定其面积计算。其高度是指室内地面标高至屋面板板面结构标高之间的垂直距离。遇有以屋面板找坡的平屋顶单层建筑物，其高度是指室内地面标高至屋面板最低处板面结构标高之间的垂直距离。

关于坡屋顶内空间如何计算建筑面积，参照了《住宅设计规范》(GB 50096—2011)的有关规定，将坡屋顶的建筑按不同净高确定其面积的计算。净高是指楼面或地面至上部楼板底或吊顶底面之间的垂直距离。

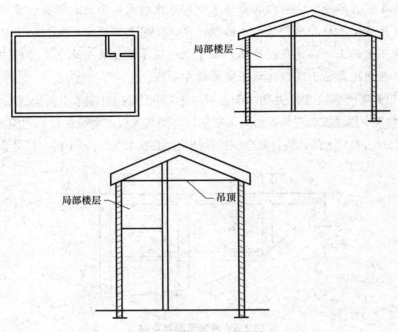

图 2-2 有局部楼层的单层坡屋顶建筑物示意

(4)场馆看台下的建筑空间，结构净高在 2.10 m 及以上的部位应计算全面积；结构净高在 1.20 m 及以上至 2.10 m 以下的部位应计算 1/2 面积；结构净高在 1.20 m 以下的部位不应计算建筑面积。有顶盖无围护结构的场馆看台应按其顶盖水平投影面积的 1/2 计算面积。

解析：多层建筑坡屋顶内和场馆看台下的空间应视为坡屋顶内空间，设计加以利用时，应按其净高确定其面积的计算。设计不利用的空间，不应计算建筑面积。

(5)地下室、半地下室应按其结构外围水平面积计算(图 2-3)。结构层高在 2.20 m 及以上的，应计算全面积；结构层高在 2.20 m 以下的，应计算 1/2 面积。

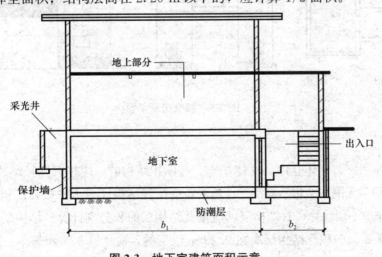

图 2-3 地下室建筑面积示意

解析： 地下室、半地下室应以其外墙上口外边线所围水平面积计算。原计算规则规定按地下室、半地下室上口外墙外围水平面积计算，文字上不严密，"上口外墙"容易理解为地下室、半地下室的上一层建筑的外墙。由于上一层建筑外墙与地下室墙的中心线不一定完全重叠，多数情况是凸出或凹进地下室外墙中心线。

(6)出入口外墙外侧坡道有顶盖的部位，应按其外墙结构外围水平面积的1/2计算面积。

(7)建筑物架空层及坡地建筑物吊脚架空层，应按其顶板水平投影计算建筑面积(图2-4)。结构层高在2.20 m及以上的，应计算全面积；结构层高在2.20 m以下的，应计算1/2面积。

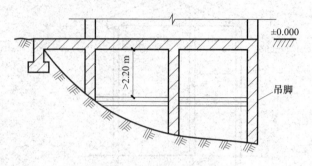

图 2-4 坡地吊脚架空层

(8)建筑物的门厅、大厅应按一层计算建筑面积，门厅、大厅内设置的走廊应按走廊结构底板投影面积计算建筑面积。结构层高在2.20 m及以上的，应计算全面积；结构层高在2.20 m以下的，应计算1/2面积。

(9)建筑物间的架空走廊，有顶盖和围护结构的，应按其围护结构外围水平面积计算全面积；无围护结构、有围护设施的，应按其结构底板水平投影面积计算1/2面积(图2-5)。

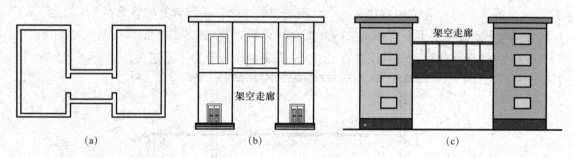

图 2-5 架空走廊示意
(a)平面；(b)立面；(c)类型二

(10)立体书库、立体仓库、立体车库，有围护结构的，应按其围护结构外围水平面积计算建筑面积；无围护结构、有围护设施的，应按其结构底板水平投影面积计算建筑面积。无结构层的应按一层计算，有结构层的应按其结构层面积分别计算。结构层高在2.20 m及以上的，应计算全面积；结构层高在2.20 m以下的，应计算1/2面积。

解析：立体书库、立体仓库、立体车库不规定是否有围护结构，均按是否有结构层，应区分不同的层高确定建筑面积计算的范围，改变按书架层和货架层计算面积的规定。

(11)有围护结构的舞台灯光控制室，应按其围护结构外围水平面积计算。结构层高在2.20 m及以上的，应计算全面积；结构层高在2.20 m以下的，应计算1/2面积。

(12)附属在建筑物外墙的落地橱窗，应按其围护结构外围水平面积计算。结构层高在2.20 m及以上的，应计算全面积；结构层高在2.20 m以下的，应计算1/2面积。

(13)窗台与室内楼地面高差在0.45 m以下，且结构净高在2.1 m及以上的凸(飘)窗，应按其围护结构外围水平面积计算1/2面积。

(14)有围护结构的室外走廊(挑廊)，应按其结构底板水平投影面积计算1/2面积；有围护设施(或柱)的檐廊，应按其围护设施(或柱)外围水平面积计算1/2面积(图2-6)。

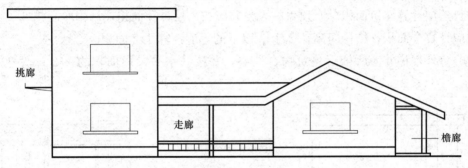

图2-6 建筑物外挑廊、走廊、檐廊示意

概念解析：

走廊：指有遮阴挡雨顶盖的人行通道。

挑廊：从房屋二层以上主墙悬挑出去的走廊(图2-7)。

檐廊：设置在建筑物底层檐下的水平交通空间。

(15)门斗应按其围护结构外围水平面积计算建筑面积(图2-7)。结构层高在2.20 m及以上的，应计算全面积；结构层高在2.20 m以下的，应计算1/2面积。

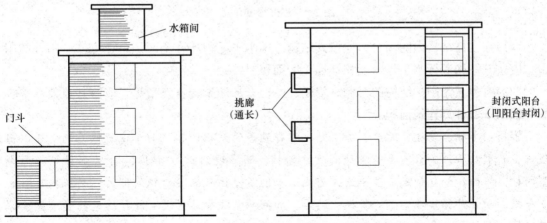

图2-7 水箱间、门斗、挑廊示意

(16)门廊应按其顶板的水平投影面积的1/2计算建筑面积；有柱雨篷应按其结构板水平投影面积的1/2计算建筑面积；无柱雨篷的结构外边线至外墙外边线的宽度在2.1 m及以上的，应按雨篷结构板的水平投影面积的1/2计算建筑面积。

解析： 如遇建筑物屋顶的楼梯间是坡屋顶，应按坡屋顶的相关条文计算建筑面积。

(17)设在建筑物顶部的、有围护结构的楼梯间、水箱间(图2-7)、电梯机房等，结构层高在2.20 m及以上的，应计算全面积；结构层高在2.20 m以下的，应计算1/2面积。

(18)围护结构不垂直于水平面的楼层，应按其底板面的外墙外围水平面积计算。结构净高在2.1 m及以上的部位，应计算全面积；结构净高在1.2 m及以上至2.1 m以下的部位，应计算1/2面积；结构净高在1.2 m以下的部位，不计算建筑面积。

(19)建筑物内的室内楼梯、电梯井、提物井、管道井、通风排气竖井、烟道应并入建筑物的自然层计算建筑面积。有顶盖的采光井应按一层计算面积，结构净高在2.1 m及以上的，应计算全面积；结构净高在2.1 m以下的，应计算1/2面积。

(20)室外楼梯并入所依附建筑物自然层，并按其水平投影面积的1/2计算建筑面积(图2-8)。

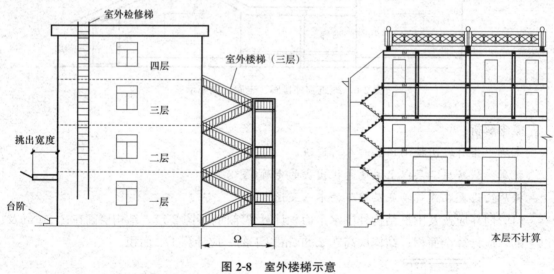

图2-8 室外楼梯示意

(21)在主体结构内的阳台，应按其结构外围水平面积计算全面积；在主体结构外的阳台，应按其结构底板水平投影面积计算1/2面积。

(22)有顶盖无围护结构的车棚、货棚、站台、加油站、收费站等，应按其顶盖水平投影面积的1/2计算建筑面积。

解析： 车棚、货棚、站台、加油站、收费站等的面积计算，由于建筑技术的发展，出现许多新型结构，如柱不再是单纯的直立的柱。而出现的正V形柱、倒V形柱等不同类型的柱，给面积计算带来许多争议，为此，人们不以柱来确定面积的计算，而依据顶盖的水平投影面积计算。在车棚、货棚、站台、加油站、收费站内设有围护结构的管理室、休息室等，另按相关条款计算面积。

(23)以幕墙作为围护结构的建筑物,应按幕墙外边线计算建筑面积。

(24)建筑物的外墙保温层,应按其保温材料的水平截面面积计算,并计入自然层建筑面积。

(25)与室内相通的变形缝,应按其自然层合并在建筑物建筑面积内计算。对于高低连跨的建筑物,当高低跨内部连通时,其变形缝应计算在低跨面积内(图2-9)。

解析: 定额所指建筑物内的变形缝是与建筑物相连通的变形缝,即暴露在建筑物内,在建筑物内可以看得见的变形缝。

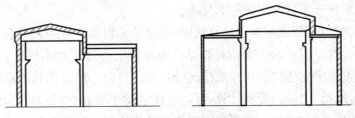

图2-9 高低连跨的建筑物

(26)对于建筑物内的设备层、管道层、避难层等有结构层的楼层,结构层高在2.2 m及以上的,应计算全面积;结构层高在2.2 m以下的,应计算1/2面积。

2.2.2 不计算建筑面积的范围

(1)与建筑物内不相连通的建筑部件,如空调板、窗户装饰等部件。

(2)骑楼、过街楼底层开放公共空间和建筑物通道。

概念解析:

骑楼:指楼房与楼房之间,跨人行道而建,在马路边相互连接形成自由步行的长廊,这就是近代典型的商业建筑。骑楼一般可分为楼顶、楼身、骑楼底三部分。

过街楼:专指有道路穿过建筑空间的楼房。

(3)舞台及后台悬挂幕布和布景的天桥、挑台等。

(4)露台、露天游泳池、花架、屋顶的水箱及装饰性结构构件。

(5)建筑物内的操作平台、上料平台、暗装箱和罐体的平台。

(6)勒脚、附墙柱、垛、台阶、墙面抹灰、装饰面、镶贴块料面层、装饰性幕墙、主体结构外的空调室外机搁板(箱)、构件、配件,挑出宽度在2.1 m以内的无柱雨篷和顶盖高度达到或超过两个楼层的无柱雨篷。

(7)窗台与室内地面高差在0.45 m以下且结构净高在2.1 m以下的凸(飘)窗,窗台与室内地面高差在0.45 m及以上的凸(飘)窗。

(8)室外爬梯、室外专用消防钢楼梯。

(9)无围护结构的观光电梯。

(10)建筑物以外的地下人防通道,独立的烟囱、烟道、地沟、油(水)罐、气柜、水塔、贮油(水)池、贮仓、栈桥等构筑物。

2.2.3 计算规则编制说明

(1)我国现行的建筑面积计算规范是《建筑工程建筑面积计算规范》(GB/T 50353—2013),是经住房和城乡建设部 2013 年 12 月 19 日以第 269 号公告批准发布的,本规范是在《建筑工程建筑面积计算规范》(GB/T 50353—2005)的基础上修订而成,修订是在总结《建筑工程建筑面积计算规范》(GB/T 50353—2005)实施情况的基础上进行的,为了解决由于建筑技术的发展产生的面积计算问题,本着不重算、不漏算的原则,对建筑面积的计算范围和计算方法进行了修改、统一和完善。

一直以来,《建筑工程建筑面积计算规则》在建筑工程造价管理方面起着非常重要的作用,是建筑房屋计算工程量的主要指标,是计算单位工程每平方米预算造价的主要依据,是统计部门汇总发布房屋建筑面积完成情况的基础。目前,建设部和国家质量技术监督局颁发的《房产测量规范》的房产面积计算,以及《住宅设计规范》中有关面积的计算,均依据《建筑工程建筑面积计算规则》。随着我国建筑市场的发展,建筑的新结构、新材料、新技术、新的施工方法层出不穷,为了解决建筑技术的发展产生的面积计算问题,使建筑面积的计算更加科学合理,应完善和统一建筑面积的计算范围与计算方法,使之对建筑市场发挥更大的作用。

(2)本计算规则的使用范围是新建、扩建、改建的工业与民用建筑工程的建筑面积的计算,包括工业厂房、仓库,公共建筑、居住建筑,农业生产使用的房屋、粮种仓库、地铁车站等的建筑面积的计算。

2.3 任务实施

2.3.1 计算准备

熟悉施工图纸,并结合计算规则回答以下问题:
(1)该建筑物是否有室外楼梯?_____。
(2)该建筑物是否有雨篷?_____,若有其宽度是_____,是否需要计算建筑面积?为什么?_____。
(3)该建筑物是否有阳台,若有属于哪种类型?阳台应该怎样计算建筑面积?
(4)该建筑物中有哪些构件不需要计算建筑面积?
(5)计算建筑面积可能会遇到哪些问题?
(6)"三线"在建筑面积计算中起什么作用?

2.3.2 计算建筑面积

1. 计算要求

分工计算办公楼各层建筑面积并汇总,同时将计算式整理至工程量计算书(表 2-1)。

表 2-1 建筑面积计算

序号	楼层	计算式	单位	面积
1	一层	$S_1=29.04\times(7.8+7.2+0.12\times2)-1.2\times7.2-7.8\times1.5$	m²	422.229 6
2	二层	$S_2=29.04\times16.04-1.1\times(7.8+0.8)-1.2\times7.2-(2.1-0.24)\times0.4$	m²	446.957 6
3	三层	$S_3=29.04\times16.04-1.1\times(7.8+0.8)-1.2\times7.2-(2.1-0.24)\times0.4$	m²	446.957 6
4	四层	$S_4=29.04\times16.04-1.1\times(7.8+0.8)-1.2\times7.2-(2.1-0.24)\times0.4$	m²	446.957 6
5	五层	$S_5=(3.3\times2+0.24)\times(7.2+0.24)$	m²	50.889 6
6	汇总		m²	1 813.992

2. 建筑面积软件算量验证

建筑面积软件算量验证如图 2-10 所示。

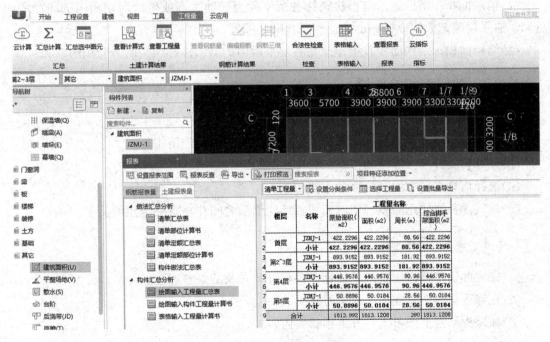

图 2-10 建筑面积软件算量验证

2.4 任务小结

2.4.1 计算建筑面积应注意的问题

（1）注意区分有无围护结构的建（构）筑物建筑面积计算范围。

(2)注意区分有无永久性顶盖的建(构)筑物建筑面积计算范围。
(3)注意建筑物外墙保温层需计算建筑面积。
(4)注意特殊位置、特殊构件的计算规则及计算方式。

2.4.2 与建筑面积有关的其他问题

建筑面积是指建筑物长度、宽度的外包尺寸的乘积再乘以层数。它由使用面积、辅助面积和结构面积组成。

$$建筑面积 = 有效面积 + 结构面积$$
$$= 使用面积 + 辅助面积 + 结构面积$$
$$= 结构面积 + 辅助面积 + 套内使用面积$$

(1)使用面积。使用面积是指建筑物各层平面中直接为生产或生活使用的净面积的总和。

(2)辅助面积。辅助面积是指建筑物各层平面为辅助生产或生活活动所占的净面积的总和,如居住建筑中的楼梯、走道、厕所、厨房等。

(3)结构面积。结构面积是指建筑物各层平面中的墙、柱等结构所占面积的总和。

2.4.3 建筑面积的作用

(1)确定建设规划的重要指标。
(2)确定各项技术经济指标的基础,是一项重要的宏观经济指标。
(3)计算有关分项工程量的依据。
(4)选择概算指标和编制概算的主要依据。
(5)建筑面积与使用面积、辅助面积、结构面积之间存在着一定比例关系。

2.4.4 课后任务

(1)完成办公楼整楼建筑面积计算,并将计算式及结果整理至工程量计算书。
(2)在课程平台上完成本次课学习总结。
(3)在课程平台上预习土石方工程相关内容。

任务 3
土石方工程量计算——平整场地、挖土工程

学习目标

1. 掌握土石方工程的工作内容。
2. 掌握挖土形式的划分标准。
3. 掌握平整场地的计算规则。
4. 掌握沟槽挖土与基坑挖土的计算方法。
5. 能根据定额计算规则准确计算建筑物平整场地及挖土工程量。

3.1 任务描述

3.1.1 任务引入

土方工程是建筑工程施工中主要工程之一，包括一切土（石）方的开挖、填筑、运输及排水、降水等方面。在土木工程中，土石方工程有场地平整、路基开挖、人防工程开挖、地坪填土、路基填筑及基坑回填。要合理安排施工计划，尽量不要安排在雨季，同时为了降低土石方工程施工费用，贯彻不占或少占农田和可耕地并有利于改地造田的原则，要做出土石方的合理调配方案，统筹安排。

本工程建筑面积已校核完毕，现在开始正式计算工程量。工程量计算的第一个分部工程是土石方工程，本任务就是计算土石方工程中的平整场地工程量及挖土量。

土石方工程按施工方法可分为人工土石方和机械土石方。建筑工程预算定额土石方工程量按图 3-1 划分。

3.1.2 任务要求

根据图纸及计算规则计算场地平整及挖土工程量。

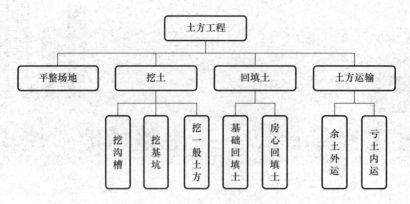

图 3-1 土方工程的主要内容

3.2 计算规则与解析

3.2.1 工程量计算前应确定的资料

1. 土壤及岩石类别的确定

(1)土壤按一、二类土、三类土、四类土分类,其具体分类见表 3-1。

表 3-1 土壤分类表

土壤分类	土壤名称	开挖方法
一、二类土	粉土、砂土(粉砂、细砂、中砂、粗砂、砾砂)、粉质黏土、弱中盐渍土、软土(淤泥质土、泥岩、泥炭质土)、软塑红黏土、冲填土	用锹、少许用镐、条锄开挖。机械能全部直接挖满载者
三类土	黏土、碎石土(圆砾、角砾)、混合土、可塑红黏土、硬塑红黏土、强盐渍土、素填土、压实填土	主要用镐、条锄挖掘,少许用锹开挖。机械需部分刨松方能铲挖满载者或可直接挖但不能满载者
四类土	碎石土(卵石、碎石、漂石、块石)、坚硬红黏土、超盐渍土、杂填土	全部用镐、条锄挖掘,少许用撬棍挖掘。机械需普遍刨松方能铲挖满载者

(2)岩石按极软岩、软岩、硬岩分类,其具体分类见表 3-2。

表 3-2 岩石分类表

岩石分类	代表性岩石	开挖方法
极软岩	1. 全风化的各种岩石; 2. 各种半成岩	部分用手凿工具、部分用爆破法开挖

续表

岩石分类		代表性岩石	开挖方法
软岩石	软岩	1. 强风化的坚硬岩或较硬岩； 2. 中等风化—强风化的较软岩； 3. 未风化—微风化的页岩、泥岩、泥质砂岩等	用风镐和爆破法开挖
	较软岩	1. 中等风化—强风化的坚硬岩或较硬岩； 2. 未风化—微风化的凝灰岩、千枚岩、泥灰岩、砂质泥岩等	用爆破法开挖
硬质岩	较硬岩	1. 微风化坚硬岩； 2. 未风化—微风化的大理石、板岩、石灰岩、白云岩、钙质砂岩等	用爆破法开挖
	坚硬岩	未风化—微风化的花岗石、闪长岩、灰绿岩、玄武岩、安山岩、片麻岩、石英岩、石英砂岩、硅质砂岩、硅质石灰岩等	用爆破法开挖

2. 确定土壤状态

(1)干土、湿土：以地质勘测资料的地下水常水位为准，地下水常水位以上为干土，以下为湿土。地表水排出后，土壤含水量≥25%时为湿土。

(2)淤泥：指在净水或缓慢的流水环境中沉积，并经生物化学作用形成的含水量超过液限呈现流动状态的土和水的混合物。

(3)流砂：指在地下水水位以下挖土时，底面和侧面随地下水一起涌出的流动状态的土和水的混合物。

(4)冻土：温度在0℃及以下，并夹含有冰的土壤为冻土。定额中的冻土是指短时冻土和季节冻土。

3. 确定挖土深度及施工方法

应确定土方、沟槽、基坑挖(填)起止标高、施工方法及运距。挖土深度以设计室、地坪标高为计算起点，施工方法是指人工挖土方或机械挖土方。

4. 岩石施工方式

确定岩石开凿、爆破方法、石渣清运方法及运距。

5. 信息不明时的默认条件

当无施工组织设计或施工组织设计没有明确说明时，一般默认的条件如下：

(1)土壤类别：坚土(三类土)，且为干土；

(2)施工方法：人工挖(填)土；

(3)运输工具：单(双)轮车；

(4)运距：50 m。

6. 定额其他说明事项

(1)竖向布置挖填土方厚度>±30 cm时，按全部厚度执行一般土方定额，采用人工挖土方时，不再计算平整场地，采用机械挖土方时，仍应计算平整场地。

(2)除大型支撑基坑土方开挖定额子目外，挖掘机(含小型挖掘机)挖土方项目中如需人工辅助开挖(包括切边、修整底边和修正沟槽底坡度),按施工组织设计规定计算工程量;如施工组织设计无规定,按以下规定计算工程量:

1)大开挖土方,按机械土方占98%,人工挖土占2%计算。

2)非大开挖土方,按机械挖土方占95%计算,人工挖土占5%计算。人工挖土部分按实际挖深执行相应定额,人工乘以系数2。

(3)小型挖掘机,是指斗容量≤0.3 mm³的挖掘机,适用于基础(含垫层)底宽≤1.2 m的沟槽土方工程或底面积≤8 m²的基坑土方工程。

(4)下列土石方工程,执行相应项目时乘以规定的系数:

1)土方项目按干土编制。人工挖、运湿土时,相应项目人工乘以系数1.18;机械挖、运湿土时,相应项目人工、机械乘以系数1.15。采取降水措施后,人工挖、运土相应项目人工乘以系数1.09,机械挖、运土不再乘以系数。

2)人工挖一般土方、沟槽、基坑深度超过6 m时,6 m<深度≤7 m,按深度≤相应项目人工乘以系数1.25计算;7 m<深度≤8 m,按深度≤6 m相应项目人工乘以系数1.25^2计算;依此类推。

3)在有挡土板支撑下挖土时,按实挖体积,人工乘以系数1.2计算。

4)挖桩间土方桩间距<4倍桩径(桩边长)时,按实挖体积(扣除桩的体积),人工、机械乘以系数1.5计算。

5)满堂基础垫层底以下局部加深的槽坑,按槽坑相应规则计算工程量,相应项目人工、机械乘以系数1.25。

6)推土机推土或铲运机铲土的平均土层厚度≤0.3 m时,推土机台班乘以系数1.25,铲运机台班乘以系数1.17。

7)除大型支撑基坑土方开挖定额子目外,先支撑后开挖土方的按实挖体积,人工挖土子目乘以系数1.43、机械挖土子目乘以系数1.20计算。

8)挖密实的钢碴,按挖四类土定额人工子目乘以系数2.50、机械子目乘以系数1.50计算。

9)人工挖土中遇碎、砾石含量为31%~50%的密实黏土或黄土时按四类土乘以系数1.43计算,碎、砾石含量超过50%时,按石方处理。

10)三、四类土壤的土方二次翻挖按降低一级类别套用相应定额。淤泥翻挖,执行相应挖淤泥子目。

11)大型支撑基坑土方开挖定额适用于地下连续墙、混凝土板桩、钢板桩等维护的跨度大于8 m的深基坑开挖。定额中已包括湿土排水,不包括井点降水。

12)大型支撑基坑土方开挖由于场地狭小只能单面施工时,挖土机械按表3-3调整。

表3-3 机械调整系数表

宽度	两边停机施工	单边停机施工
基坑宽15 m内	15 t	25 t
基坑宽15 m外	25 t	40 t

13)挖掘机在垫板上作业时,相应项目人工、机械乘以系数1.25。挖掘机下铺设垫板、汽车运输道路上铺设材料时,其费用另行计算。

3.2.2 工程量计算规则及解析

1. 平整场地

(1)定义。

1)平整场地:厚度≤±0.3 m的土方就地挖、填、运、找平。

2)竖向布置:厚度>±0.3 m的土方挖、填、运、找平。

(2)计算规则。平整场地工程量按设计图示尺寸,以建筑物首层建筑面积计算。建筑物地下室结构外边线凸出首层结构外边线时,其凸出部分的建筑面积合并计算。

(3)计算公式。

$$S_{平} = S_{底}(S_{投})$$

式中 $S_{平}$——建筑物平整场地面积(m^2);

$S_{底}$——建筑物首层建筑面积(m^2);

$S_{投}$——构筑物地面投影面积(m^2)。

2. 挖土

(1)定义。

1)沟槽:底宽(设计图示垫层或基础的底宽)≤7 m且底长>3倍底宽。

2)基坑:底宽≤7 m且底长≤3倍底宽的土方或底面积≤150 m^2。

3)一般土石方:超出沟槽和基坑范围以外的土石方。

具体划分见表3-4。

表3-4 土石方工程定额划分表

土石方工程	土方工程	场地平整	厚度≤±0.3 m的土方就地挖、填、运、找平
		挖土	挖一般土方:超出沟槽和基坑范围外的土方
			挖基础土方 — 基坑:底宽≤7 m且底长≤3倍底宽的土方
			挖基础土方 — 沟槽:底宽≤7 m且底长>3倍底宽的土方
			冻土开挖:零摄氏度以下,并含有冰的土壤,可分为短时冻土、季节冻土及多年冻土
			人工挖淤泥、流砂 — 淤泥:静水或缓慢的流水环境中沉积,并经生物化学作用形成的黏性土
			人工挖淤泥、流砂 — 流砂:在地下水水位以下挖土时,底面和侧面随地下水一起涌出的流动状态的土方
	石方工程	石方开挖	预裂爆破:定额按炮眼法松动爆破、电雷管导电起爆编制
			基坑:底宽≤7 m且底长≤3倍底宽的石方
			沟槽:底宽≤7 m且底长>3倍底宽的石方

续表

土石方工程	石方工程	石方开挖	平基：超出沟槽和基坑范围以外的石方
			摊座：石方爆破后，设计要求对基地进行全面剔打，使之达到设计的标高
			修整边坡：修整石方爆破的边坡，清理石碴
	土石方回填土	基础回填土	室内外高差≤0.6 m时，以室外地坪为界；室内外高差＞0.6 m时，以－0.6 m为界，以上为房心回填土，以下为基础回填土
		房心回填土	
	土石方运输	余土外运	填方量小于挖方量，余土需运走
		亏土内运	挖方量小于回填量，需从别处取土，发生时套余土外运定额

(2)计算规则。

1)土石方的开挖、运输均按开挖前的天然密实体积计算。土方回填按回填后的竣工体积计算。不同状态的土石方体积按表3-5换算。

表3-5 土石方体积换算系数表

名称	虚方体积	松填	天然密实	夯实
土方	1.00	0.83	0.77	0.67
	1.20	1.00	0.92	0.80
	1.30	1.08	1.00	0.87
	1.50	1.25	1.15	1.00
石方	1.00	0.85	0.65	—
	1.18	1.00	0.76	—
	1.54	1.31	1.00	—
块石	1.75	1.43	1.00	(码方)1.67
砂夹石	1.07	0.94	1.00	

2)基础土石方的开挖深度，应按基础(含垫层)底标高至设计室外地坪标高确定。交付施工场地标高与设计室外地坪标高不同时，应按交付施工场地标高确定。

3)基础施工的工作面宽度，按施工组织设计(经过批准，下同)计算，施工组织设计无规定时，按下列规定计算：

①当组成基础的材料不同或施工方式不同时，基础施工的工作面宽度按表3-6计算。

表3-6 基础施工单面工作面宽度计算表

基础材料	每面各增加工作面宽度/mm
砖基础	200
毛石、方整石基础	250
混凝土基础(支模板)	400
混凝土基础垫层(支模板)	150

续表

基础材料	每面各增加工作面宽度/mm
基础垂直面做砂浆防潮层	400(自防潮层面)
基础垂直做防水层或防腐层	1 000(自防水层或防潮层面)
支挡土板	100(另加)

②基础施工需要搭设脚手架时,基础施工的工作面宽度,条形基础按1.5 m计算(只计算一面);独立基础按0.45 m计算(四面均计算)。

③基坑土方大开挖需做边坡支护时,基础施工的工作面宽度按2 m计算。

④基坑内施工各种桩时,基础施工的工作面宽度按2 m计算。

⑤管道及构筑物基础坑、槽的工作面宽度,按设计规定计算,设计无规定的按表3-7计算。

表3-7 槽底部每侧工作面宽度表

管道及构筑物分类		管道基础外沿宽度(无基础时管道外径)/mm			
		≤500	≤1 000	≤2 500	>2 500
混凝土管、水泥管	基础90°	400	500	600	700
	基础>90°	400	500	500	600
其他管道		300	400	500	600
构筑物	无防潮层	400			
	有防潮层	600			

管道结构宽度:无管座按管道外径计算,有管座按管道基础外缘计算,构筑物按基础外缘计算,如设挡土板则每侧增加15 cm。

⑥管道接口作业坑和沿线各种井室所需增加开挖的土石方工程量按设计规定计算,设计无规定的按管道沟槽土方总量的2.5%计算。

4)基础土方的放坡。土方放坡的起点深度和放坡坡度,按施工组织设计计算;施工组织设计无规定时,按表3-8计算。

表3-8 土方放坡起点深度和放坡坡度表

土壤类别	放坡起点(>m)	放坡坡度			
		人工挖土	机械挖土		
			基坑内作业	基坑上作业	沟槽上作业
一、二类土	1.20	1:0.50	1:0.33	1:0.75	1:0.50
三类土	1.50	1:0.33	1:0.25	1:0.67	1:0.33
四类土	2.00	1:0.25	1:0.10	1:0.33	1:0.25

①基础土方放坡,自基础(含垫层)底标高算起,原槽、坑作基础垫层时,基础放坡自基础垫层上表面开始计算。

②混合土质的基础土方，其放坡的起点深度和放坡坡度，按不同土类厚度加权平均计算。

③计算基础土方放坡时，不扣除放坡交叉处的重复工程量。

④挖冻土不计算放坡。

⑤基础土方支挡土板时，土方放坡不另行计算。

5)爆破岩石的允许超挖量分别为：极软岩、软岩 0.20 m，较软岩、较硬岩、坚硬岩 0.15 m，超挖部分岩石并入岩石挖方量内计算。

(3)沟槽挖土计算公式。沟槽土石方，按设计图示尺寸沟槽长度乘以沟槽断面面积，以体积计算。

1)条形基础的沟槽长度，按设计规定计算；设计无规定时，按下列规定计算：

①外墙沟槽，按外墙中心线长度计算。凸出墙面的墙垛，按墙垛凸出墙面的中心线长度，并入相应工程量内计算。

②内墙沟槽、框架间墙沟槽，按基础(含垫层)之间垫层(或基础底)的净长度计算。

2)管道的沟槽长度，按设计规定计算；设计无规定时，以设计图示管道中心线长度(不扣除下口直径或边长≤1.5 m 的井池)计算。下口直径或边长>1.5 m 的井池的土石方，另按基坑的相应规定计算。

3)沟槽的断面面积，应包括工作面宽度、放坡宽度或石方允许超挖量的面积。

4)沟槽挖土的形式有四种，计算公式分别如下：

①不放坡不支挡土板开挖。如图 3-2 所示，其计算公式为
$$V=(A+2c)\times H\times L$$

式中　V——挖沟槽土方体积(m^3)；

　　　A——图示基础垫层宽度；

　　　c——每边各增加工作面宽度；

　　　L——所挖沟槽长度；

　　　H——挖土深度。

②放坡开挖。由垫层上表面放坡开挖，如图 3-3 所示，其计算公示为
$$V=[(A+2c+KH_2)\times H_2+A\times H_1]\times L$$

式中　K——放坡系数，$K=b/H$；

　　　H_1——垫层厚度；

　　　H_2——垫层上表面至地面高度。

③支挡土板。支挡土板开挖是指在需要放坡开挖的土方中，由于现场限制不能放坡，或因土质原因，放坡后工程量较大时，就需要支挡土板。支挡土板时，其沟槽宽度按图示沟槽底宽单面增加 10 cm，双面增加 20 cm 计算。支挡土板后，不得再计算放坡工程量。

如图 3-4 所示，双面支挡土板计算公式为
$$V=(A+2c+0.2)\times H\times L$$

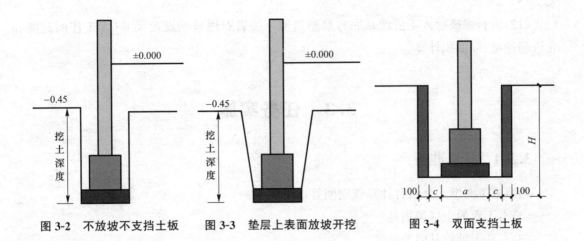

图 3-2　不放坡不支挡土板　　图 3-3　垫层上表面放坡开挖　　图 3-4　双面支挡土板

④一面支挡土板一面放坡计算公式为

$$V=(A+2c+0.5KH+0.1)\times H\times L$$

(4)基坑挖土计算公式。基坑土石方，按设计图示基础(含垫层)尺寸，另加工作面宽度、土方放坡宽度或石方允许超挖量乘以开挖深度，以体积计算。

1)矩形不放坡基坑，其计算公式为

$$V=a\cdot b\cdot H$$

式中　a——挖土宽度；

　　　b——挖土长度；

　　　H——挖土深度。

2)矩形放坡基坑，其计算公式为

$$V=(a+2c+KH)(b+2c+KH)H+1/3K^2H^3$$

式中　a——基础垫层宽度；

　　　b——基础垫层长度；

　　　c——工作面宽度；

　　　H——基坑深度；

　　　K——放坡系数。

(5)一般土石方，按设计图示基础(含垫层)尺寸，另加工作面宽度、土方放坡宽度或石方允许超挖量乘以开挖深度，以体积计算。修建机械上下坡便道的土方量及保证路基边缘的压实度而设计的加宽填筑土方量并入土方工程量。

(6)夯实土堤按设计面积计算。清理土堤基础按设计规定以水平投影面积计算。

(7)人工挖土堤台阶工程量，按挖前的堤坡斜面积计算，运土应另行计算。

(8)大型支撑基坑土方开挖工程量按设计图示尺寸以体积计算。

(9)冻土开挖按设计图示尺寸开挖面积乘厚度以天然冻土体积计算。

(10)挖淤泥流砂，以实际挖方体积计算。

(11)人工挖(含爆破后挖)冻土，按设计图示尺寸，另加工作面宽度，以体积计算。

(12)岩石爆破后人工清理基底与修整边坡,按岩石爆破的规定尺寸(含工作面宽度和允许超挖量)以面积计算。

3.3 任务实施

3.3.1 计算准备

熟悉施工图纸,并结合计算规则回答以下问题:

(1)本工程的土壤类别是_____。

(2)本套图纸的基础类型是_____。

(3)该建筑物的挖土类型是_____。怎样判断?_____。

(4)该建筑物的挖土深度是_____。

(5)当场地内挖填土厚度>±0.3 m时,应按_____计算。

(6)挖土方的工程量按设计图示尺寸以体积计算,此处体积是指(   )。

  A. 虚方体积　　　B. 夯实后体积　　　C. 松填体积　　　D. 天然密实体积

(7)在计算挖土时,需要考虑哪些因素?_____。

(8)挡土板、工作面与放坡的作用分别是什么?_____。

3.3.2 工程量计算

1. 平整场地

各组根据图纸首先确定建筑物首层建筑面积(上个任务已计算完毕,数据可直接使用),根据计算规则,平整场地工程量以建筑物首层建筑面积计算,因此可直接确定该办公楼平整场地工程量,见表3-9。

表3-9　办公楼平整场地工程量

定额编号	项目名称	计算式	单位	工程量
A1—0394	平整场地人工	29.04×(7.8+7.2+0.12×2)−1.2×7.2−7.8×1.5	m²	422.23

2. 挖土

(1)计算工程量应确定的问题。

1)考虑是否支挡土板,如果挖沟槽、基坑需支挡土板时,其宽度需按图示沟槽、基坑底宽,单面加10 cm,双面加20 cm计算。

2)考虑是否放坡,若有放坡,根据土壤类别确定放坡起点及放坡系数,放坡时,在交接处的重复工作量不扣除,做基础垫层时,放坡自垫层上表面开始计算。

3)根据基础材料确定工作面宽度。

4)计算挖土深度时,注意室内外地坪高差、内外墙基础垫层是否有变化(表 3-10)。

表 3-10 挖土深度

序号	基础类型	挖土深度	数量
1	CT—1	$h_1=1.8-0.15+0.1=1.75(\mathrm{m})$	16
2	CT—2	$h_2=2.6-0.15+0.1=2.55(\mathrm{m})$	1

(2)根据图纸计算挖土工程量。
1)图纸未明确土壤类别,按默认三类土计算。
2)三类土放坡起点为 1.5 m,本工程挖土需放坡,放坡系数为 0.33。
3)混凝土基础工作面宽度为 400 mm。
挖土工程量计算见表 3-11。

表 3-11 挖土工程量

定额编号	项目名称	计算式	单位	工程量
A1—0025	人工挖基坑土方≤2 m	$[(1.6+2\times0.4+0.33\times1.75)\times(1.6+2\times0.4+0.33\times1.75)\times1.75+1/3\times0.33^2\times1.75^3]\times16$	m³	251.347
A1—0026	人工挖基坑土方≤4 m	$(1.6+2\times0.4+0.33\times2.55)\times(1.6+2\times0.4+0.33\times2.55)\times2.55+1/3\times0.33^2\times2.55^3$	m³	27.396
	汇总		m³	278.74

(3)软件算量验证。软件算量验证如图 3-5 所示。

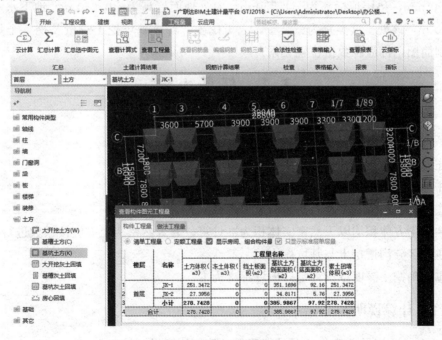

图 3-5 软件算量验证

3.3.3 典型挖土形式计算案例

(1)计算图 3-6 和图 3-7 所示的沟槽挖土量,已知土壤类别为二类土,室外地坪标高为 —0.3 m。

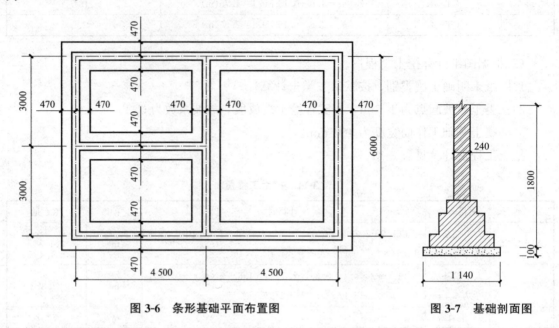

图 3-6　条形基础平面布置图　　　　　图 3-7　基础剖面图

(2)某建筑物土坑垫层为无筋混凝土,长宽方向外边线尺寸为 8.04 m 和 5.64 m,垫层厚为 200 mm,垫层顶标高为 —4.550 m,室外地面标高为 —0.650 m,地下水水位标高为 —3.500 m,该处土壤类别为三类土,人工挖土,计算基坑挖土总量及挖干土量、挖湿土量(绘制简图,标注各数据位置关系)。

3.4　任务小结

3.4.1　计算挖土工程量应注意的问题

(1)注意区分不同基础材料的工作面宽度。
(2)注意不同土壤类别的挖土放坡起点及放坡系数。
(3)注意挡土板的宽度及挡土板与放坡的做法要求。
(4)注意土方体积均以天然密实体积为准计算,非天然密实土方应按系数进行折算。
(5)注意区分沟槽挖土与基坑挖土。
(6)应明确挖土深度以设计室外地坪标高为准。

3.4.2　计算说明

回填土与土方运输工程量待基础工程量计算完毕后进行。

3.4.3 课后任务

(1)完成办公楼挖土工程量计算,并将计算式及结果整理至工程量计算书。
(2)在课程平台上完成本次课学习总结。
(3)在课程平台上预习桩与基础工程相关内容。

任务 4　桩与地基基础工程量计算

学习目标

1. 了解基坑支护的一般做法。
2. 掌握定额中桩的分类与计算规则。
3. 掌握各种类型基础的计算方法。
4. 熟悉桩与基础工程有关的概念及其他说明。
5. 能根据定额计算规则准确计算桩与基础工程量。

4.1　任务描述

4.1.1　任务引入

桩与地基基础工程是建设工程的主要工程之一。桩基础是由若干根桩和桩顶的承台组成的一种常用深基础。它具有承载能力大、抗震性能好、沉降量小等特点。按施工方法不同，桩身可分为预制桩和灌注桩两大类。预制桩是在工厂或施工现场制成各种材料和形式的桩（如钢筋混凝土桩、钢桩等），然后用沉桩设备将桩打入、压入、振入（还有时兼用高压水冲）或旋入土中；灌注桩是在施工现场的桩位上先成孔，然后在孔内灌注混凝土，也可加入钢筋后灌入混凝土。除此之外，本任务还包括基础工程量计算。

4.1.2　任务要求

本任务主要计算该建筑物桩、基础工程量及其他地下埋设构件工程量，以便计算回填土与运土工程量，完成土石方工程量计算。

各组仔细阅读施工图纸，熟悉计算规则，分工完成计算任务并进行汇总。

4.2 计算规则与解析

4.2.1 工程量计算前应确定的问题

(1)确定土质级别：根据工程地质资料中的土层构造，土壤物理化学性质及每米沉桩时间鉴别适用定额土质级别。

(2)确定施工方法、工艺流程，采用机型，桩、土壤泥浆运距。

1. 地基处理

(1)填料加固。

1)填料加固项目适用于软弱地基挖土后的换填材料加固工程。

2)填料加固夯填土。

(2)强夯。

1)强夯项目中每单位面积夯点数，是指设计文件规定单位面积内的夯点数量，若设计文件中夯点数量与定额不同，可采用内插法换算。

2)强夯的夯击击数是指强夯机械就位后，夯锤在同一夯点上下起落的次数。

(3)填料桩。碎石桩与砂石桩的充盈系数为1.3，损耗率为2%。实测砂石配合比及充盈系数不同时可以调整。其中，灌注砂石桩除上述充盈系数和损耗率外，还包括级配密实系数1.334。

(4)搅拌桩。

1)深层搅拌水泥桩项目按1喷2搅施工编制，实际施工为2喷4搅时，项目的人工、机械乘以系数1.43；实际施工为2喷2搅、4喷4搅时分别按1喷2搅、2喷4搅计算。

2)水泥搅拌桩的水泥掺入量按加固重($1\,800\ kg/m^3$)的13%考虑，如设计不同，按每增减1%项目计算。

3)水泥搅拌桩项目已综合了正常施工工艺需要的重复喷浆(粉)和搅拌。空搅部分按相应项目的人工及搅拌桩机台班乘以系数0.5计算。

4)三轴水泥搅拌桩项目水泥掺入量按加固土重($1\,800\ kg/m^3$)的18%考虑，如设计不同，按深层水泥搅拌桩每增减1%项目计算；按2搅2喷施工工艺考虑，设计不同时，每增(减)1搅1喷按相应项目人工和机械费增(减)40%计算。空搅部分按相应项目的人工及搅拌桩机台班乘以系数0.5计算。

5)三轴水泥搅拌桩设计要求全断面套打时，相应项目的人工及机械乘以系数1.5，其余不变。

(5)注浆桩。高压旋喷桩项目已综合接头处的复喷工料；高压喷射注浆桩的水泥设计用量与定额不同时，应予以调整。

(6)注浆地基所用的浆体材料用量应按设计含量调整。

(7)注浆项目中注浆管消耗量为摊销量,若为一次性使用,可进行调整。废浆处理及外运执行"土石方工程"相应项目。

(8)打桩工程按陆地打垂直桩编制。设计要求打斜桩时,斜度≤1∶6时,相应项目的人工、机械乘以系数1.25;斜度>1∶6时,相应项目的人工、机械乘以系数1.43。

(9)桩间补桩或在地槽(坑)及强夯后的地基上打桩时,相应项目的人工、机械乘以系数1.15。

(10)单独打试桩、锚桩,按相应项目的打桩人工及机械乘以系数1.5计算。

(11)单位工程的碎石桩、砂石桩的工程量≤60 m³时,其相应项目的人工、机械乘以系数1.25。

(12)凿桩头适用于深层水泥搅拌桩、三轴水泥搅拌桩、高压旋喷水泥桩等项目。

2. 基坑支护

(1)地下连续墙未包括导墙挖土方、泥浆处理及外运、钢筋加工,实际发生时,按相应规定另行计算。

(2)钢制桩。

1)打拔槽钢或钢轨,按钢板桩项目计算,其机械乘以系数0.77,其他不变。

2)现场制作的型钢桩、钢板桩,其制作执行定额"第六章金属结构工程"中钢柱制作相应项目。

3)定额内未包括型钢桩、钢板桩的制作、除锈、刷油。

(3)挡土板项目分别为疏板和密板。疏板是指间隔支挡土板,且板间净空≤150 m的情况;密板是指满堂支挡土板或板间净空≤30 cm的情况。

(4)若单位工程的钢板桩的工程量≤50 t时,其人工、机械量按相应项目乘以系数1.25计算。

(5)钢支撑仅适用于基坑开挖的大型支撑安装、拆除。

(6)注浆项目中注浆管消耗量为摊销量,若为一次性使用,可进行调整。

3. 桩工程计算说明

(1)定额适用于陆地上桩基工程,所列打桩机械的规格、型号是按常规施工工艺和方法、施工场地的土质级别综合取定。

(2)桩基施工前场地平整、压实地表、地下障碍处理等定额均未考虑,发生时另行计算。

(3)探桩位已综合考虑在各类桩基定额内,不另行计算。

(4)单位工程的桩基工程量少于表4-1对应数量时,相应项目人工、机械乘以系数1.25。灌注桩单位工程的桩基工程量是指灌注桩混凝土量。

表 4-1 单位工程的桩基工程量表

项目名称	单位工程的工程量
预制钢筋混凝土方桩	200 m³
预应力钢筋混凝土管桩	1 000 m
预制钢筋混凝土板桩	100 m²
钻孔、旋挖成孔灌注桩	150 m²
沉管、冲孔成孔灌注桩	100 m²
钢管桩	50 t

(5)打桩。

1)单独打试验桩、错桩时,按相应定额的打桩人工及机械乘以系数 1.5 计算。

2)打桩工程按陆地垂直桩编制。设计要求打斜桩时,若斜度≤1∶6,相应项目人工、机械乘以系数 1.25;若斜度>1∶6,相应项目人工、机械乘以系数 1.43。

3)打桩工程以平地(坡度≤15°)打桩为准,坡度>15°打桩时,按相应项目人工、机械乘以系数 1.15。在基坑内(基坑深度>1.5 m,基坑面积≤500 m²)打桩或在地坪上打坑槽内(坑槽深度>1 m)打桩时,按相应项目人工、机械乘以系数 1.11。

4)在桩间补桩或在强夯的地基上打桩时,相应项目人工、机械乘以系数 1.15。

5)打桩工程中遇送桩时,可按打桩相应项目人工、机械乘以表 4-2 中的系数。

表 4-2 送桩深度系数表

送桩深度/m	系数
≤2	1.15
≤4	1.43
>4	1.67

6)对于打、压预制钢筋混凝土桩、预应力钢筋混凝土管桩,定额按购入成品构件考虑,已包含桩位半径在 5 m 范围内的移动、起吊、就位;超过 15 m 时的场内运输,按"混凝土及钢筋混凝土工程"构件运输 1 km 以内的相应项目计算。

7)若定额内未包括预应力钢筋混凝土管桩钢桩尖制安项目,则实际发生时按"混凝土及钢筋混凝土工程"中的预埋铁件项目执行。

8)预应力钢筋混凝土管桩桩头灌芯部分按人工挖孔桩灌桩芯项目执行。

(6)灌注桩。

1)钻孔、冲孔、旋挖成孔等灌注桩设计要求进入岩石层执行入岩子目,入岩是指钻入中风化的坚硬岩。

2)旋挖成孔、冲孔桩机带冲抓锤成孔灌注桩项目按湿作业成孔考虑,如采用干作业成孔工艺，则扣除定额项目中的黏土、水和机械中的泥浆泵。

3)定额各种灌注桩的材料用量中，均已包括了充盈系数和材料损耗率，见表4-3。

表4-3 灌注桩充盈系数和材料损耗率

项目名称	充盈系数	材料损耗率/%
冲孔桩机成孔灌注混凝土桩	1.30	1
旋挖、冲击钻机成孔灌注混凝土桩	1.15	1
回旋、螺旋钻机钻孔灌注混凝土桩	1.20	1
沉管桩机成孔灌注混凝土桩	1.15	1

4)人工挖孔桩土石方子目中，已综合考虑了孔内照明、通风。人工挖孔桩，桩内垂直运输方式按人工考虑，深度超过16 m时，相应定额乘以系数1.2计算；深度超过20 m时，相应定额乘以系数1.5计算。

5)人工清桩孔石碴子目，适用于岩石被动后的挖除和清理。

6)桩孔空钻部分回填应根据施工组织设计要求套用相应定额，填土者按"土石方工程"松填土方项目计算，填碎石者按"地基处理与边坡支护工程"碎石垫层项目乘以系数0.7计算。

7)旋挖桩、螺旋桩、人工挖孔桩等干作业成孔桩的土石方场内、场外运输，执行定额土石方工程相应的土石方装车、运输项目。

8)若定额内未包括泥浆池制作，则实际发生时按"砌筑工程"的相应项目执行。

9)若定额内未包括泥浆场外运输，则实际发生时执行"土石方工程"泥浆罐车运淤泥流砂相应项目。

10)若定额内未包括桩钢筋笼、铁件制作安装项目，则实际发生时按"混凝土及钢筋混凝土工程"中的相应项目执行。

11)若定额内未包括沉管灌注桩的预制桩尖制安项目，则实际发生时按"混凝土及钢筋混凝土工程"中的小型构件项目执行。

12)灌注桩后压浆注浆管、声测管埋设时，若注浆管、声测管的材质、规格不同，可以换算，其余不变。

13)注浆管埋设定额按桩底注浆考虑，如设计采用侧向注浆，则人工、机械乘以系数1.2。

4. 基础工程计算说明

(1)石基础、石勒脚、石墙的划分：基础与勒脚应以设计室外地坪为界，勒脚与墙身应以设计室内地面为界。石墙内、外地坪标高不同时，应以较低地坪标高为界，以下为基础；内、外标高之差为挡土墙时，挡土墙以上为墙身。

(2)砖基础不分砌筑宽度及有否大放脚，均执行对应品种及规格砖的同一项目。地下混凝土构件所用砖模及砖砌挡土墙套用砖基础项目。

4.2.2 工程量计算规则

1. 地基处理

(1)填料加固,按设计图示尺寸以体积计算。

(2)强夯,按设计图示强夯处理范围以面积计算。设计无规定时,按建筑物外围轴线每边各加 4 m 计算。

(3)灰土桩、砂石桩、碎石桩、水泥粉煤灰碎石桩均按设计桩长(包括桩尖)乘以设计桩外径截面面积,以体积计算。

(4)搅拌桩。

1)深层水泥搅拌桩、三轴水泥搅拌桩、高压旋喷水泥桩按设计桩长加 50 cm 乘以设计桩外径截面面积,以体积计算。

2)三轴水泥搅拌桩中的插、拔型钢工程量按设计图示型钢以质量计算。

(5)高压喷射水泥桩成孔按设计图示尺寸以桩长计算。

(6)分层注浆钻孔数量按设计图示以钻孔深度计算。注浆数量按设计图纸注明加固土体的体积计算。

(7)压密注浆钻孔数量按设计图示尺寸以钻孔深度计算。注浆数量按下列规定计算:

1)设计图纸明确加固土体体积的,按设计图纸注明的体积计算。

2)设计图纸以布点形式图示土体加固范围的,则按两孔间距的一半作为扩散半径,以布点边线各加扩散半径,形成计算平面,计算注浆体积。

3)如果设计图纸注浆点在钻孔灌注桩之间,按两注浆孔的一半作为每孔的扩散半径计算。

(8)凿桩头按凿桩长度乘断面以体积计算。

2. 基坑支护

(1)地下连续墙。

1)现浇导墙混凝土按设计图示尺寸以体积计算。现浇导墙混凝土模板按混凝土与模板接触面的面积计算。

2)成槽工程量按设计长度乘以墙厚及成槽深度(设计室外地坪至连续墙底),以体积计算。

3)锁口管以"段"为单位(段指槽壁单元槽段),锁口管吊拔按连续墙段数计算。定额中已包括锁口管的摊销费用。

4)清底置换以"段"为单位(段指槽壁单元槽段)。

5)浇筑连续墙超灌混凝土,设计无规定时,其工程量按墙体断面面积乘以 0.5 m,以体积计算。

6)凿地下连续墙超灌混凝土,设计无规定时,其工程量按墙体断面面积乘以 0.5 m,以体积计算。

(2)钢板桩。打拔钢板桩按设计桩体积以质量计算。安、拆导向夹具按设计图示尺寸以长度计算。

（3）砂浆土钉、砂浆锚杆的钻孔、灌浆，按设计文件或施工组织设计规定（按图示尺寸）以钻孔深度，以长度计算。喷射混凝土护坡区分土层与岩层，按设计文件（或施工组织设计）规定尺寸，以面积计算。钢筋、钢管锚杆按设计图示尺寸以质量计算。锚头制作、安装、张拉、锁定按设计图示尺以"套"计算。

（4）挡土板设计文件（或施工组织设计）规定的支挡土板范围，以面积计算。

（5）钢支撑按设计图示尺寸以质量计算，不扣除孔眼质量，焊条、铆钉、螺栓等也不另增加质量。

3. 桩

（1）打桩。

1）预制钢筋混凝土桩。打、压预制钢筋混凝土桩按设计桩长（包括桩尖）乘以桩断面面积，以体积计算。其计算公式为

$$V = L \times (A \times B) \times n$$

式中　V——方桩体积；

　　　L——桩全长；

　　　A,B——方桩的长和宽；

　　　n——打桩根数。

2）预应力钢筋混凝土管桩。

①打、压预应力钢筋混凝土管桩按设计桩长（不包括桩尖），以长度计算。

②预应力钢筋混凝土管桩钢桩尖按设计图示尺寸，以质量计算。

③预应力钢筋混凝土管桩，如设计要求加注填充材料时，填充部分另按钢管桩填芯相应项目执行。

④桩头灌芯按设计尺寸以灌注体积计算。

⑤灌芯托板以质量计算，按定额"第五章混凝土及钢筋混凝土工程"中铁件项目执行。

3）钢管桩。

①钢管桩按设计要求的桩体质量计算。

②钢管桩内切割、精割盖帽按设计要求的数量计算。

4）打桩工程的送桩均按设计桩顶标高至打桩前的自然地坪标高另加0.5 m计算相应的送桩工程量。其计算公式如下：

$$V = S(h + 0.5) \times n$$

式中　n——接头个数。

5）预制混凝土桩、钢管桩电焊接桩，按设计要求接桩头的数量计算。

6）预制混凝土桩截桩按设计要求截桩的数量计算。截桩长度≤1 m时，不扣减相应桩的打桩工程量；截桩长度为1 m时，其超过部分按实扣减打桩工程量，但桩体的价格不扣除。

7)预制混凝土桩凿桩头按设计图示桩截面面积乘以凿桩头长度,以体积计算。凿桩头长度设计无规定时,桩头长度按桩体长 $40d$(d 为主筋直径,主筋直径不同时取大者)计算;灌注混凝土桩凿桩头按设计超灌长度(设计有规定的按设计要求,设计无规定的按 0.5 m)乘以桩身设计截面面积,以体积计算。

8)桩头钢筋整理,按所整理的桩的数量计算。

(2)灌注桩。

1)钻孔桩、旋挖桩成孔工程量按打桩前自然地坪标高至设计桩底标高的成孔长度乘以设计桩径截面面积,以体积计算。入岩增加项目工程量按实际入岩深度乘以设计桩径截面积,以体积计算。

2)冲孔桩基冲击(抓)锤冲孔工程量分别按进入土层、岩石层的成孔长度乘以设计桩径截面积,以体积计算。

3)钻孔桩、旋挖桩、冲孔桩灌注混凝土工程量按设计桩径截面面积乘以设计桩长(包括桩尖)另加超灌长度,以体积计算。超灌长度设计有规定者,按设计要求计算,无规定者,按 0.5 m 计算。

4)沉管成孔工程量按打桩前自然地坪标高至设计桩底标高(不包括预制桩尖)的成孔长度乘以钢管外径截面面积,以体积计算。

5)沉管桩灌注混凝土工程量按钢管外径截面面积乘以设计桩长(不包括预制桩尖)另加加灌长度,以体积计算。加灌长度设计有规定者,按设计要求计算,无规定者,按 0.5 m 计算。

6)人工挖孔桩挖孔工程量分别按进入土层、岩石层的成孔长度乘以设计护壁外围截面面积,以体积计算。

7)人工挖孔桩模板工程量,按现浇混凝土护壁与模板的实际接触面面积计算。

8)人工挖孔桩灌注混凝土护壁和桩芯工程量分别按设计图示截面面积乘以设计桩长另加加灌长度,以体积计算。加灌长度设计有规定者,按设计要求计算,无规定者,按 0.25 m 计算。

9)钻(冲)孔灌注桩、人工挖孔桩,设计要求扩底时,其扩底工程量按设计尺寸,以体积计算,并入相应的工程量。

10)泥浆运输按成孔工程量,以体积计算。

11)桩孔回填工程量按打桩前自然地坪标高至桩加灌长度的顶面乘以桩孔截面面积,以体积计算。

12)钻孔压浆桩工程量按设计桩长,以长度计算。

13)注浆管、声测管埋设工程量按打桩前的自然地坪标高至设计桩底标高另加 0.5 m,以长度计算。

14)桩底(侧)后压浆工程量按设计注入水泥用量,以质量计算。如水泥用量差别大,允许换算。

4. 基础

(1)砖基础。最常见的砖基础为条形基础，工程量的计算规则是不分基础厚度和深度，均按图示尺寸以体积计算。

1)基础与墙(柱)身的划分(图 4-1)：

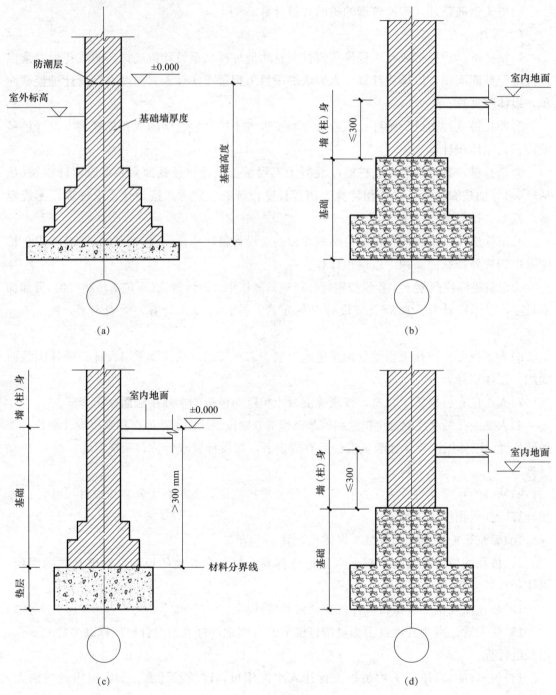

图 4-1 砖基础示意

①基础与墙(柱)身使用同一种材料时,以设计室内地面为界(有地下室者,以地下室设计地面为界),以下为基础,以上为墙身。

②基础与墙(柱)身使用不同材料时,位于设计室内地面高度≤±300 mm 时,以不同材料为分界线,高度>±300 mm 时,以设计室内地面为分界线。

③砖砌地沟不分墙基和墙身,按不同材质合并工程量套用相应项目。

④围墙以设计室外地坪为界,以下为基础,以上为墙身。

2)基础截面形式。砖基础的大放脚通常采用等高式和不等高式两种砌筑形式。砖基础受刚性角的限制,需在基础底部做成逐步放阶的形式,俗称"大放脚"。

大放脚的体积要并入所附基础墙,可根据大放脚的层数、所附基础墙的厚度及是否等高放阶等因数,查表4-4计算。

表4-4 砖基础大放脚折加高度和增加断面面积计算表

放脚层数	基础墙厚砖数(折加高度)/m											增加断面面积/m^2	
	1/2砖(0.115)		1砖(0.24)		$1\frac{1}{2}$砖(0.365)		2砖(0.49)		$2\frac{1}{2}$砖(0.615)		3砖(0.74)			
	等高	不等高	等高	不等高	等高	不等高	等高	不等高	等高	不等高	等高	不等高	等高	不等高
1	0.137	0.137	0.066	0.066	0.043	0.043	0.032	0.032	0.026	0.026	0.021	0.021	0.015 75	0.015 75
2	0.411	0.342	0.197	0.164	0.129	0.108	0.096	0.080	0.077	0.064	0.064	0.053	0.047 25	0.039 38
3			0.394	0.328	0.259	0.216	0.193	0.161	0.154	0.128	0.128	0.106	0.094 5	0.078 75
4			0.656	0.525	0.432	0.345	0.321	0.253	0.256	0.205	0.213	0.170	0.157 5	0.126 0
5			0.984	0.788	0.647	0.518	0.482	0.380	0.384	0.307	0.319	0.255	0.236 3	0.189 0
6			1.378	1.083	0.906	0.712	0.672	0.530	0.538	0.419	0.447	0.351	0.330 8	0.259 9
7			1.838	1.444	1.208	0.949	0.900	0.707	0.717	0.563	0.596	0.468	0.441 0	0.346 5
8			2.363	1.838	1.553	1.208	1.157	0.900	0.922	0.717	0.766	0.596	0.567 0	0.441 1
9			2.953	2.297	1.942	1.510	1.447	1.125	1.153	0.896	0.958	0.745	0.708 8	0.551 3
10			3.610	2.789	2.372	1.834	1.767	1.366	1.409	1.088	1.171	0.905	0.866 3	0.669 4

大放脚折加高度依照对应的墙厚将放脚增加的断面面积折合成高度,其主要作用是简化基础大放脚工程量的计算。

3)基础墙厚度。标准砖以 240 mm×115 mm×53 mm 为准,其砌体厚度按表4-5计算。

表4-5 标准砖砌体计算厚度表

砖数(厚度)	1/4砖	半砖	3/4砖	1砖	1砖半	2砖	2砖半	3砖
计算厚度/mm	53	115	178	240	365	490	615	740

使用非标准砖时,其砌体厚度应按砖实际规格和设计厚度计算;如设计厚度与实际规

(2)混凝土基础。按设计图示尺寸以体积计算,不扣除伸入承台基础的桩头所占体积。

1)带形基础(图4-5)。不分有肋式与无肋式均按带形基础项目计算,有肋式带形基础,肋高(指基础扩大顶面至梁顶面的高)≤1.2 m时,合并计算;肋高>1.2 m时,扩大顶面以下的基础部分,按无肋带形基础项目计算,扩大顶面以上部分,按墙项目计算。其计算公式为

$$V_{带基} = L \times S + V_T$$

式中 $V_{带基}$——带形基础体积(m^3);

L——带形基础长(m),外墙按中心线计算,内墙按净长度计算;

S——带形基础断面面积(m^2);

V_T——T形接头的搭接部分体积。

①无梁式带形基础按基础长乘以设计断面面积计算。

②有梁式带形基础按凸出部分梁的净长乘以设计断面面积计算。如带有杯口应增加杯口凸出部分体积和杯芯费用,应扣除杯口内的空体积。

③基础T形接头的重叠部分不扣除,凸出墙面的垛、柱、附墙烟囱所放宽的部分也不增加。已在定额含量内综合考虑。

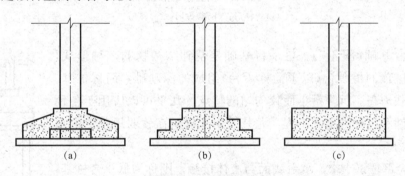

图4-5 带形基础形式
(a)梯形;(b)阶梯形;(c)矩形

2)独立基础(图4-6)。当建筑物上部结构采用框架结构或单层排架结构承重时,基础常采用方形、圆柱形和多边形等形式的独立式基础,这类基础称为独立式基础,也称为单独基础。独立基础可分为阶梯形基础、截锥形基础、杯形基础三种。

①阶梯形基础。当基础体积为阶梯形时,其体积为各矩形的长、宽、高相乘后相加。

②截锥形基础。截锥式形状的独立柱基础的体积,可由矩形及棱台体积之和构成。其棱台体积公式为

$$V = \frac{H}{3} \times (S_1 + S_2 + \sqrt{S_1 \times S_2})$$

式中 V——棱台体积(m^3);

S_1——棱台上表面面积(m^2);

S_2——棱台下表面面积(m^2);

H——棱台高(m)。

③杯形基础。杯形基础体积为两个矩形体积,即一个棱台体积减一个倒棱台体积(杯口净空体$V_杯$)。

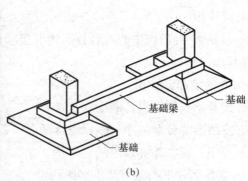
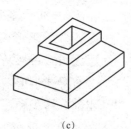

图 4-6 独立基础形式
(a)阶梯形;(b)截锥形;(c)杯形

3)桩承台基础(图 4-7)。桩承台基础是基础结构物的一种形式,由桩和连接桩顶的桩承台(以下简称承台)组成的深基础,简称桩基。桩基具有承载力高、沉降量小而较均匀的特点,几乎可以应用于各种工程地质条件和各种类型的工程,尤其适用于建筑在软弱地基上的重型建(构)筑物。

若桩身全部埋于土中,承台底面与土体接触,则称为低承台桩基;若桩身上部露出地面而承台底位于地面以上,则称为高承台桩基。建筑桩基通常为低承台桩基础。在高层建筑中,桩基础应用广泛。

桩承台基础工程量计算与独立基础相同。

4)满堂基础(图 4-8)。当带形基础和独立柱基础不能满足设计要求强度时,往往采用大面积的基础连体,这种基础称为满堂基础。

满堂基础可分为有梁式(也称梁板式或片筏式)满堂基础和无梁式满堂基础。

①有梁式满堂基础的梁板合并计算,基础体积为

$$V = L \times B \times d + \sum S \times l$$

式中 L——基础底板长(m);

B——基础底板宽(m);

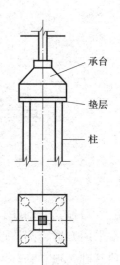

图 4-7 桩承台基础截面

d——基础底板厚(m);

S——梁断面面积(m²);

l——梁长(m)。

②无梁式满堂基础,其倒转的柱头或柱帽应列入基础计算,基础体积为

$$V = L \times B \times d + \sum V_{柱帽}$$

式中 $V_{柱帽}$——柱帽体积(m³)。

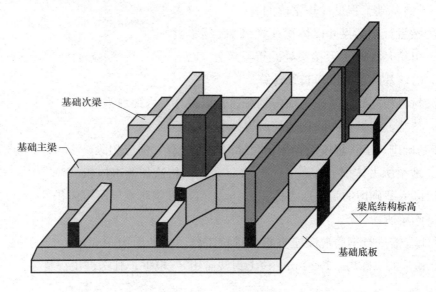

图4-8 桩满堂基础示意

5)箱式基础。箱式基础分别按基础、柱、墙、梁、板等有关规定计算。

6)设备基础。设备基础除块体(块体设备基础是指没有空间的实心混凝土形状)外,其他类型设备基础分别按基础、柱、墙、梁、板等有关规定计算。

4.3 任务实施

4.3.1 计算准备

熟悉施工图纸,并结合计算规则回答以下问题:

(1)本工程的基础类型是_____。

(2)关于地基与桩基础工程的工程量计算规则,下列说法正确的是( )。

　　A. 预制钢筋混凝土桩按设计图示桩长度(包括桩尖)以 m 为单位计算或以 m³ 和根计算

　　B. 钢板桩按设计图示尺寸以面积计算

C. 人工挖孔灌注桩按桩长计算

D. 地下连续墙按设计图示中心线乘槽深的面积计算

(3) 基础与墙体使用不同材料时,工程量计算规则以不同材料为界分别计算基础和墙体工程量,范围是(   )。

 A. 室内地坪±300 mm 以内　　　B. 室内地坪±300 mm 以外

 C. 室外地坪±300 mm 以内　　　D. 室外地坪±300 mm 以外

(4) 关于砖基础工程量计算正确的有(   )。(多选)

 A. 按设计图示尺寸以体积计算

 B. 扣除大放脚 T 形接头处的重叠部分

 C. 内墙基础长度按净长线计算

 D. 材料相同时,基础与墙身划分通常以设计室内地坪为界

 E. 基础工程量不扣除构造柱所占体积

(5) 砖基础砌筑工程量按设计图示尺寸以体积计算,但应扣除(   )。(多选)

 A. 地梁所占体积　　　　　　　B. 构造柱所占体积

 C. 嵌入基础内的管道所占体积　　D. 砂浆防潮层所占体积

 E. 圈梁所占体积

(6) 某工程需进行钢筋混凝土方桩的送桩工作,桩断面为 400 mm×400 mm。桩底标高-13.20 m,桩顶标高-1.20 m。该工程共需用 80 根桩,其送桩工程量为_____。

4.3.2　工程量计算

1. 计算工程量应确定的问题

(1) 本工程采用钻孔灌注桩和钻孔扩底灌注桩(为摩擦端承桩),共 4 种桩型,详见附录图纸(结施-03 桩表),桩身强度等级为 C30。

(2) 本工程基础类型为独立桩承台基础,混凝土强度等级为 C30。

(3) 基础垫层采用 100 厚 C15 素混凝土。

(4) 钻孔扩底灌注桩工程量应把圆柱段和扩底的分开计算。

2. 根据图纸计算工程量

根据图纸计算工程量,见表 4-6。

表 4-6　工程量计算

定额编号	项目名称	计算式	单位	工程量
	打桩(桩长按 10 m)			
A3-0052	ZH08 a 灌注桩≤800 mm	$3.14×0.4^2×10×7$	m^3	35.168

续表

定额编号	项目名称	计算式	单位	工程量
A3—0053	ZH10 a 灌注桩≤1 200 mm	本工程的扩底灌注桩由上部主桩、下部扩底部分组成，其中扩底部分由圆台、圆柱及部分球体组成，手工计算较为复杂，因此该部分工程量直接引用软件出量	m³	23.75
A3—0052	ZH08 b 灌注桩≤800 mm		m³	25.56
A3—0053	ZH10 b 灌注桩≤1 200 mm		m³	18.26
	小计		m³	102.738
A5—0008	现浇钢筋混凝土 独立基础(C30)	1.4×1.4×1.0×17	m³	33.32
A5—0001	基础垫层(C15)	(1.6×1.6×0.1)×17－3.14×0.4²×0.1×12－3.14×0.5²×0.1×5	m³	3.36

说明：定额中混凝土基础按 C20 强度计算取费，待计价时应进行换算。

3. 软件算量验证

软件算量验证如图 4-9～图 4-11 所示。

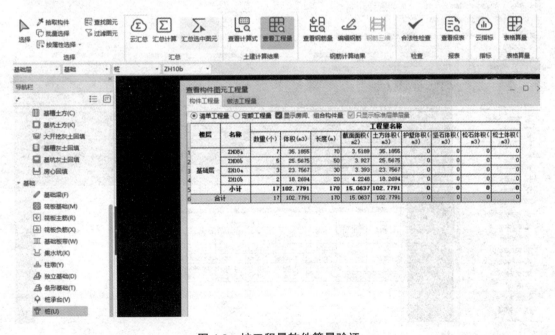

图 4-9　桩工程量软件算量验证

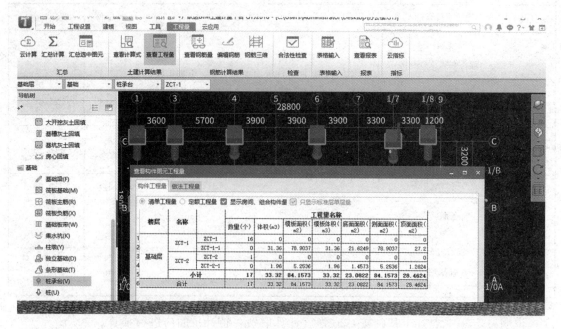

图 4-10　桩承台工程量软件算量验证

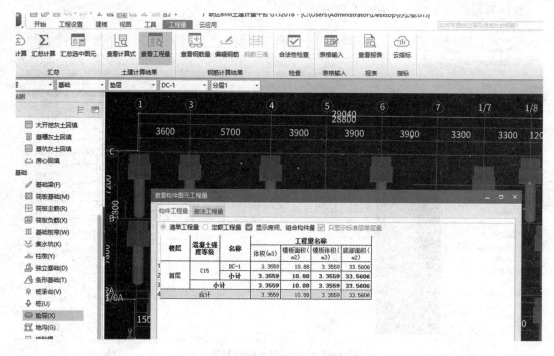

图 4-11　垫层工程量软件算量验证

4.3.3 典型基础形式计算案例

计算图 4-12 和图 4-13 所示的条形砖基础工程量，已知土壤类别为二类土，室外地坪标高为 −0.3 m。外墙厚为 370 mm，偏轴线(250/120)；内墙厚为 240 mm，中轴线。

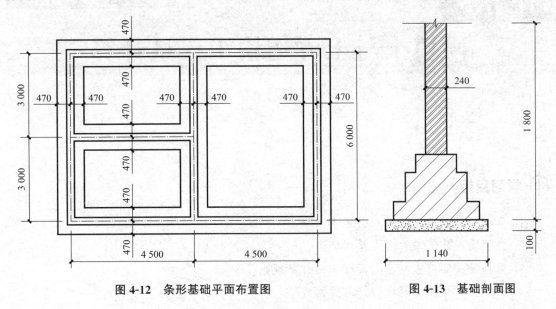

图 4-12　条形基础平面布置图　　　　图 4-13　基础剖面图

4.4　任务小结

4.4.1　计算挖土工程量应注意的问题

(1)注意不同桩类型的施工方法和计算规则。
(2)注意条形基础与独立基础的计算方法。
(3)注意基础相交处的扣减规则。
(4)注意有梁式满堂基础与无梁式满堂基础的计算规则。

4.4.2　计算说明

本任务数据将影响回填土与土方运输工程工程量，应逐项对照检查并确保数据的准确性。

4.4.3　课后任务

(1)计算并校验桩与基础工程量。
(2)在课程平台上完成本次课学习总结。
(3)在课程平台上预习回填土与土方运输工程相关内容。

任务 5

回填土与土方运输工程量计算

学习目标

1. 掌握基础回填土与房心回填土的概念。
2. 掌握余土外运与亏土内运的概念。
3. 掌握基础回填土与房心回填土的计算规则。
4. 掌握土方运输工程量的计算规则。
5. 能根据图纸及规则准确计算回填土与土方运输工程量。

5.1 任务描述

5.1.1 任务引入

在基础施工完成后,必须将槽、坑四周未作基础的部分填至室外地坪标高,基础回填土必须夯填密实,所以应执行填土定额。

5.1.2 任务要求

各组根据图纸及计算规则计算本工程回填土及运土工程量。

5.2 计算规则与解析

5.2.1 工程量计算前应确定的问题

1. 回填土

(1) 场区(含地下室顶板以上)回填,相应项目人工、机械乘以系数0.9。

(2)房心回填土与基础回填土的划分:室内高差≤0.6 m时,以室外地坪为界;室内外高差>0.6 m时,以-0.6 m标高为界,以上为房心回填土,以下为基础回填土。

(3)房心回填土套用素土垫层定额,利用原土的扣除定额中黏土。

(4)基础(地下室)周边回填材料时,执行"地基处理与边坡支护工程"中"地基处理"相应项目,人工、机械乘以系数0.9。

2. 土石方运输

(1)定额土石方运输分别按施工现场范围以内、以外运输编制,土石方场外运输定额不包括弃土场及渣土消纳等费用。

(2)土石方运距,按挖土区重心至填房区(或堆放区)重心间的最短距离计算。

(3)人工、人力车、汽车的负载上坡度≤15%的降效因素,已综合在相应运输项目中。

(4)推土机、装载机负载上坡坡度>5%时,其降效因素按坡道斜长乘以表5-1规定的系数计算。

表5-1 重车上坡降效系数表

坡度/%	5~10	≤15	≤20	≤25
系数	1.75	2.00	2.25	2.50

(5)采用人力垂直运输土、石方、淤泥、流砂,垂直深度每米折合水平运距7 m计算。

(6)拖式铲运机3 mm³加27 m转向距离,其余型号铲运机加45 m转向距离。

(7)汽车运土运输道路是按一、二、三类道路综合确定的,定额已考虑了运输过程中道路清理的人工,不包括道路铺筑材料和机械。

(8)定额未包括现场障碍物清除、地下水常水位以下的施工降水、土石方开挖过程中的地表水排除与边坡支护。

(9)定额子目中为满足环保要求而配备了洒水汽车在施工现场降尘,若实际施工中采用洒水汽车降尘,应扣除洒水汽车和水的费用。

5.2.2 计算规则与解析

1. 回填土

(1)定义。由任务3中的表3-4可知,室内外高差≤0.6 m时,以室外地坪为界;室内外高差>0.6 m时,以-0.6 m为界,以上为房心回填土,以下为基础回填土。

(2)计算规则。回填土工程量按下列规定,以体积计算:

1)沟槽、基坑回填,按挖方体积减去设计室外地坪以下建筑物、基础(含垫层)的体积计算。

2)管道沟槽回填,按挖方体积减去管道基础和表5-2中管道折合回填体积计算。

表 5-2　管道折合回填体积表　　　　　　　　　　　　m³/m

管道	公称直接(mm 以内)					
	500	600	800	1 000	1 200	1 500
混凝土管及钢筋混凝土管道	—	0.33	0.60	0.92	1.15	1.45
其他材质管道	—	0.22	0.46	0.74	—	—

3)房心(含地下室内)回填,按主墙间净面积(扣除连续底面积 2 m² 以上的设备基础等面积)乘以回填厚度以体积计算。

4)场区(含地下室顶板以上)回填,按回填面积乘以平均回填厚度以体积计算。

(3)计算公式。

1)基础回填土(图 5-1)。在基础施工完成后,必须将槽、坑四周未做基础的部分填至室外地坪标高。基础回填土必须夯填密实,所以应执行填土定额。

$$V=V_1-V_2$$

式中　V——基础回填土体积(m³);

　　　V_1——沟槽、基坑挖土体(m³);

　　　V_2——设计室外地坪以下埋设的砌体体积(建筑物、管道、墙基、柱基等体积及各种基础垫层)(m³)。

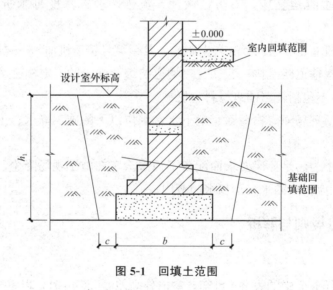

图 5-1　回填土范围

2)房心回填土。

$$V_{室内}=S_净 \times h_2$$

式中　$V_{室内}$——室内回填土;

　　　$S_净$——墙与墙之间的净面积;

　　　h_2——填土厚度,室外地坪至室内设计地坪高差减地面的面层和垫层的厚度。

2. 土方运输

(1) 定义。由任务 3 中的表 3-4 可知，填方量小于挖方量，余土需运走，称为余土外运；挖方量小于回填量，需从别处取土，称为亏土内运，发生时套余土外运定额。

(2) 计算规则。挖土体积减去回填土（折合天然密实体积），总体积为正，则为余土外运；总体积为负，则为取土内运。

余土体积＝挖土体积－回填土体积÷夯填系数(0.87)或松填系数(1.08)。

5.3 任务实施

5.3.1 计算准备

熟悉施工图纸，并结合计算规则回答以下问题：

(1) 计算基础回填土时，除基础、垫层外，还有哪些需要扣除的地下埋深构件？_____。

(2) 本工程是否需要计算室内回填土？为什么？_____。

(3) 本工程的土方运输工具是什么？运距多少？_____。

(4) 本工程运土属于余土外运还是亏土内运？为什么？_____。

5.3.2 工程量计算

(1) 计算本工程基础回填土时，应扣除的地下埋深有垫层、基础、室外地坪至承台顶的柱、地梁体积。

(2) 根据图纸计算工程量，见表 5-3。

表 5-3 工程量计算

定额编号	项目名称	计算式	单位	工程量
	基础回填土	278.74(挖土总量)－3.066 5(柱)－4.352(垫层)－33.32(承台)－8.392(地梁)	m³	229.609 5
	房心回填土	376.084($S_\text{净}$)×0.03(填土厚度)	m³	11.282 5
A1－0402	人工松、填土(槽、坑)		m³	240.892
A1－0315	人工装、机动翻斗车运土方(运距≤1 km)	278.74－240.892/0.87	m³	1.86(余土外运)

(3) 软件算量验证，如图 5-2 和图 5-3 所示。

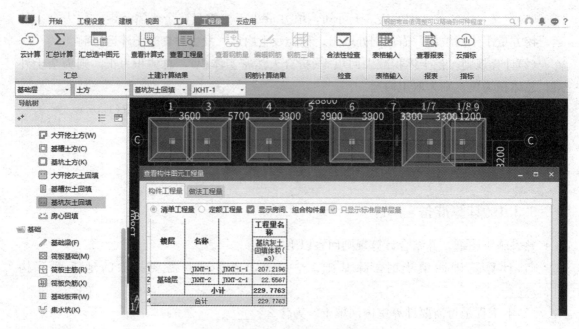

图 5-2 基础回填工程量软件算量验证

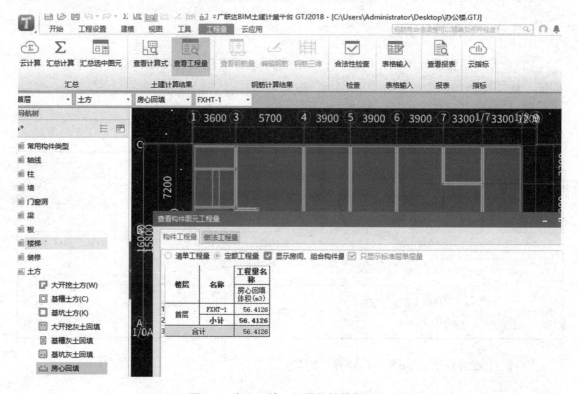

图 5-3 房心回填工程量软件算量验证

5.3.3 典型挖土及基础形式计算案例

计算图 5-4 和图 5-5 所示的基础回填工程量,已知土壤类别为二类土,室外地坪标高为 —0.3 m。外墙厚为 370 mm,偏轴线(250/120);内墙厚 240 mm,中轴线。

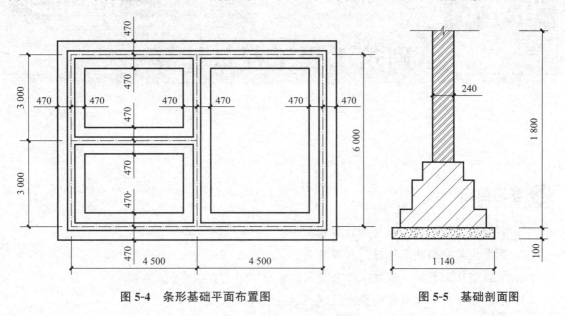

图 5-4 条形基础平面布置图　　图 5-5 基础剖面图

5.4 任务小结

5.4.1 计算回填土与运土工程量应注意的问题

(1)注意基础回填土与房心回填土分界线。
(2)计算基础回填土时注意应扣除的各项基础埋深工程量计算,避免丢项。
(3)计算房心回填土时应注意填土厚度的确定。
(4)计算回填土及运土时应注意土方形态换算。
(5)根据土方运输计算结果,判断其为余土外运或亏土内运。

5.4.2 计算说明

截止到本任务,地下隐蔽工程工程量计算完毕。本任务的计算量较大且杂,手工计算时,应保证列式及计算准确度。

5.4.3 课后任务

(1)计算并校验回填土与运土工程量。
(2)在课程平台上完成本次课学习总结。
(3)在课程平台上预习砌筑工程相关内容。

任务 6

砌筑工程工程量计算

学习目标

1. 掌握建筑物砌筑工程量的计算规则。
2. 熟悉构筑物砌筑工程量的计算规则。
3. 了解砌筑工程的一般施工工艺流程。
4. 熟悉与砌筑工程有关的概念及其他说明。
5. 能根据图纸及规则准确计算砌筑工程工程量。

6.1 任务描述

6.1.1 任务引入

砌筑工程是指用砌筑砂浆将砖、石、各类砌块等块材砌筑的工程，形成的结构构件即砌体。常见的砌体构件有基础、墙体和柱等，主要材料为砂浆和块材。常用的砌筑砂浆有水泥砂浆、水泥混合砂浆；块材有砖、石、砌块等。目前块材种类多、规格较多。不同的材料、不同的组砌方式、不同的规格、不同的构件等的砌筑工程所消耗的人工、材料、机械的数量不同，故定额根据以上因素划分多个定额子目。

6.1.2 任务要求

各组根据图纸及计算规则计算本工程内、外墙砌筑工程工程量。

6.2 计算规则与解析

6.2.1 工程量计算前应确定的问题

1. 砖砌体、砌块砌体、石砌体

(1)定额中砖、砌块和石料按标准或常用规格编制，设计规格与定额不同时，砌体材料和砌筑(粘结)材料用量允许换算，砌筑砂浆按干混预拌砌筑砂浆编制。定额所列砌筑砂浆种类和强度等级、砌块专用砌筑胶粘剂品种，如设计与定额不同，允许调整。

(2)定额中的墙体砌筑层高是按2.8~3.6 m编制，如超过3.6 m，其超过部分定额人工乘以系数1.3。

(3)基础与墙(柱)身的划分：

1)基础与墙(柱)身使用同一种材料时，以设计室内地面为界(有地下室者，以地下室设计地面为界)，以下为基础，以上为墙身。

2)基础与墙(柱)身使用不同材料时，若位于设计室内地面高度≤±300 mm，以不同材料为分界线，若高度>±300 mm，以设计室内地面为分界线。

3)砖砌地沟不分墙基和墙身，按不同材质合并工程量套用相应项目。

4)围墙以设计室外地坪为界，以下为基础，以上为墙身。

(4)石基础、石勒脚、石墙的划分：基础与勒脚应以设计室外地坪为界，勒脚与墙身应以设计室内地面为界。石围墙内、外地坪标高不同时，应以较低地坪标高为界，以下为基础；内、外标高之差为挡土墙时，挡土墙以上为墙身。

(5)砖基础不分砌筑宽度及有否大放脚，均执行对应品种及规格砖的同一项目。地下混凝土构件所用砖模及砖砌挡土墙套用砖基础项目。

(6)砖砌体和砌块砌体不分内、外墙，均执行对应品种的砖和砌块项目，其中：

1)定额中均已包括了立门窗框的调直以及腰线、窗台线、挑檐等一般出线用工。

2)清水砖砌体均包括了原浆勾缝用工，设计需加浆勾缝时，按设计增加材料含量。

3)轻骨料混凝土小型空心砌块墙门窗洞口等镶砌的同类实心砖部分已包含在定额内。

(7)填充墙以填炉碴、炉碴混凝土为准，如设计与定额不同时允许换算，其余不变。

(8)加气混凝土类砌块墙项目已包括砌块零星切割改锯的损耗及费用。

(9)零星砌体是指台阶、台阶挡墙、梯带、锅台、炉灶、蹲台、池槽、池槽腿、花台、花池、楼梯栏板、阳台栏板、地垄墙、≤0.3 m²的孔洞填塞、凸出屋面的烟囱、屋面伸缩缝砌体、隔热板砖墩等。

(10)贴砌砖项目适用于地下室外墙的保护墙部位；框架外表面的镶贴砖部分，套用零星砌体项目。

(11)多孔砖、空心砖及砌块砌筑有防水、防潮要求的墙体，以普通(实心)砖作为导墙砌筑的，导墙上部墙身主体需分别计算，导墙部分套用零星砌体项目。

(12)围墙套用墙相关定额项目，双面清水围墙按相应单面清水墙项目，人工用量乘以系数1.15计算。

(13)石砌体项目中粗、细料石(砌体)墙按400 mm×220 mm×200 mm规格编制。

(14)毛料石护坡高度超过4 m时，定额人工乘以系数1.15。

(15)定额中各类砖、砌块及石砌体的砌筑均按直行砌筑编制，如为圆弧形砌筑，按相应定额人工用量乘以系数1.0，砖、砌块及石砌体及砂浆(胶粘剂)用量乘以系数1.03计算。

(16)砖砌体钢筋加固，砌体内加筋、灌注混凝土，墙体拉结筋的制作、安装，以及墙基、墙身的防潮、防水、抹灰等，按定额其他相关章节的项目及规定执行。

2. 垫层

人工级配砂石垫层是按中(粗)砂15%(不含填充石子空隙)、砾石85%(含填充砂)的级配比例编制的。

6.2.2 计算规则与解析

1. 砖砌体、砌块砌体

(1)砖基础工程量按设计图示尺寸以体积计算。详细内容已在任务4中讲解。

(2)砖墙、砌块墙按设计图示尺寸以体积计算。其计算公式为

$$V_{墙}=(墙长×墙高-S_{门窗})×d-(梁、柱等体积)+垛及附墙烟囱等体积$$

$$V_{墙}=(L×h-S_{门窗})×d±V_b$$

式中　$V_{墙}$——砌体墙体积；

　　　d——墙厚；

　　　h——墙体高度；

　　　$S_{门窗}$——应扣除的门窗的面积；

　　　V_b——应增加或扣除的构件体积。

1)扣除门窗、洞口、嵌入墙内的钢筋混凝土柱、梁、板、圈梁、挑梁、过梁及凹进墙内的壁龛、管槽、暖气槽、消火栓箱所占体积，不扣除梁头、板头、檩头、垫木、木楞头、沿椽木、木砖、门窗走头、砖墙内加固钢筋、木筋、铁件、钢管及单个面积≤0.3 m²的孔洞所占的体积。凸出墙面的腰线、挑檐、压顶、窗台线、虎头砖、门窗套的体积也不增加。凸出墙面的砖垛并入墙体体积内计算。

2)墙长度：外墙按中心线、内墙按净长计算。

3)墙高度：

①外墙(图6-1)：斜(坡)屋面无檐口天棚者算至屋面板底；有屋架且室内、外均有天

棚者算至屋架下弦底另加 200 mm；无天棚者算至屋架下弦底另加 300 mm，出檐宽度超过 600 mm 时按实砌高度计算；有钢筋混凝土楼板隔层者算至板顶。平屋顶算至钢筋混凝土板底。

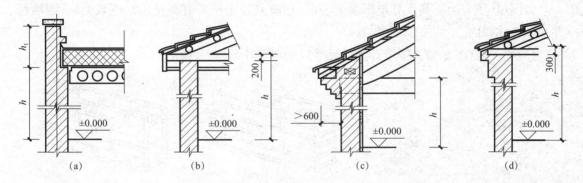

图 6-1 外墙高度示意
(a)平屋面；(b)斜屋面且室内外有天棚；(c)出檐宽度大于 600 mm 的坡屋面；(d)坡屋架无屋顶

②内墙(图 6-2)：位于屋架下弦者，算至屋架下弦底；无屋架者算至天棚底另加 100 mm；有钢筋混凝土楼板隔层者算至楼板底；有框架梁时，算至梁底。

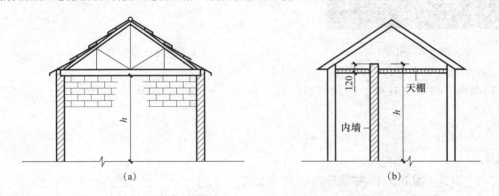

图 6-2 内墙高度示意
(a)位于屋架下弦的内墙高度；(b)无屋架的内墙高度

③女儿墙：从屋面板上表面算至女儿墙顶面(如有混凝土压顶时算至压顶下表面)。
④内、外山墙：按其平均高度计算。
4)墙厚度。
①标准砖以 240 mm×115 mm×53 mm 为准，其砌体厚度按表 6-1 计算。

表 6-1 标准砖砌体计算厚度表

砖数(厚度)	1/4 砖	半砖	3/4 砖	1 砖	1 砖半	2 砖	2 砖半	3 砖
计算厚度/mm	53	115	178	240	365	490	615	740

②使用非标准砖时,其砌体厚度应按砖实际规格和设计厚度计算;如设计厚度与实际规格不同时,按实际规格计算。

5)框架间墙:不分内外墙按墙体净尺寸以体积计算。

6)围墙(图6-3):高度算至压顶上表面(如有混凝土压顶时算至压顶下表面),围墙柱并入围墙体积内。

(3)空斗墙(图6-4):按设计图示尺寸以空斗墙外形体积计算。

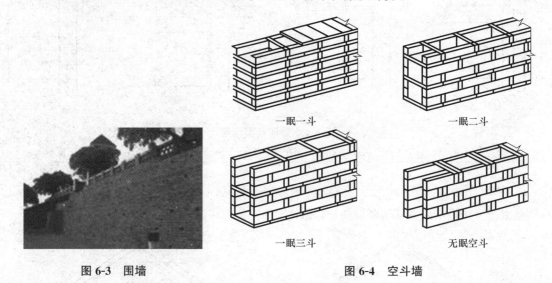

图6-3 围墙   图6-4 空斗墙

1)墙角、外墙交接处、门窗洞口立边、窗台砖、屋檐处的实砌部分体积已包括在空斗墙体积内。

2)空斗墙的窗间墙、窗台下、楼板下、梁头下等的石砌部分应另行计算,套用零星砌体项目。

(4)空花墙(图6-5):按设计图示尺寸以空花部分外形体积计算,不扣除空花部分体积。

(5)填充墙按设计图示尺寸以填充墙外形体积计算。

(6)砖柱按设计图示尺寸以体积计算,扣除混凝土及钢筋混凝土梁垫、梁头、板头所占体积。

(7)零星砌体、地沟、砖碹按设计图示尺寸以体积计算。

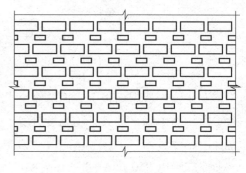

图6-5 空花墙

(8)砖散水、地坪按设计图示尺寸以面积计算。

(9)砖体砌筑设置导墙时,砖砌导墙需单独计算,厚度与长度按墙身主体,高度以实际砌筑高度计算,墙身主体的高度相应扣除。

(10)附墙烟囱、通风道、垃圾道应按设计图示尺寸以体积(扣除孔洞所占体积)计算并入所附的墙体体积。当设计规定孔洞内需抹灰时,另按装饰工程计价定额"墙柱面装饰与隔断幕墙工程"相应项目计算。

(11)轻质砌块 L 形专用连接件的工程量按设计数量计算。

2. 构筑物砌筑

(1)砖烟囱(图 6-6)。

1)筒身,圆形、方形均按图示筒壁平均中心线周长乘以厚度并扣除筒身各种孔洞、钢筋混凝土圈梁、过梁等体积以立方米计算,其筒壁周长不同时可按下式分段计算:

$$V = \sum (H \times C \times \pi D)$$

式中 V——筒身体积;

H——每段筒身垂直高度;

C——每段筒壁厚度;

D——每段筒壁中心线的平均直径。

图 6-6 砖烟囱

【例 6-1】 根据图 6-7 中有关数据和上述公式计算砖砌烟囱工程量。

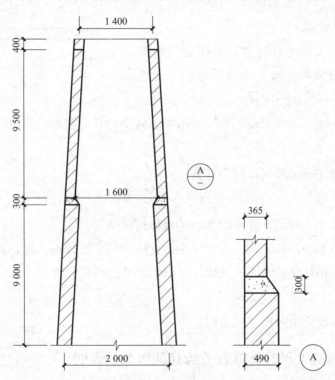

图 6-7 砖砌烟囱剖面图及节点详图

【解】

① 上段，已知：$H=9.5$ m，$C=0.365$ m

求：$D=(1.40+1.60+0.365)\times 1/2=1.68$(m)

所以 $V_上=9.50\times 0.365\times 3.14\times 1.68=18.29$(m²)

② 下段，已知：$H=9.0$ m，$C=0.490$ m

求：$D=(2.0+1.60+0.365\times 2-0.49)\times 1/2=1.92$(m)

所以 $V_下=9.0\times 0.49\times 3.14\times 1.92=26.59$(m³)

所以 $V=18.29+26.59=44.88$(m³)

2) 烟道、烟囱内衬按不同材料并扣除孔洞后，以图示体积计算。

3) 烟道砌砖：烟道与炉体的划分以第一闸门为界，炉体内的烟道部分列入炉工程量计算。

(2) 砖砌水塔。

1) 水塔基础与塔身的划分(图6-8)：以砖砌体的扩大部分顶面为界，以上为塔身，以下为基础，分别套相应基础砌体定额。

2) 塔身以图示实砌体积计算，并扣除门窗洞口和混凝土构件所占体积，砖平拱及砖出檐等并入塔身体积内计算，套水塔砌筑定额。

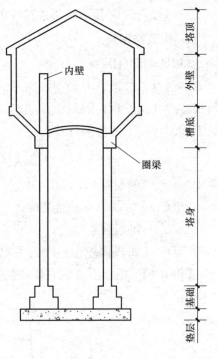

图6-8 水塔

3) 砖水箱内外壁，不分壁厚，均以图示实砌体积计算，套相应的内外砖墙定额。

3. 轻质隔墙

轻质隔墙按设计图示尺寸以面积计算。

4. 石砌体

石基础、石墙的工程量计算规则参照砖砌体相应规定。

石勒脚、石挡土墙、石护坡、石台阶按设计图示尺寸以体积计算，石坡道按设计图示尺寸以水平投影面积计算，墙面勾缝按设计图示尺寸以面积计算。

5. 垫层

垫层工程量按设计图示尺寸以体积计算。

6.2.3 与砌筑工程量计算有关的其他概念及说明

1. 砖砌体钢筋加固

砌体加固钢筋是砌筑墙体加入钢筋，然后继续砌筑，巩固被砌体的抗压强度(图6-9)。

2. 砖平碹、钢筋砖过梁

砖平碹又称砖平拱，是指在门窗洞口顶部，用竖砖和侧砖，以洞口中心为基础，两边对称向中间斜砌的一种平拱。钢筋砖过梁是指在门窗洞口顶部的砖墙内，在适当的位置加适量钢筋，以砂浆包裹，凝固后作为洞的一种过梁（图6-10、图6-11）。

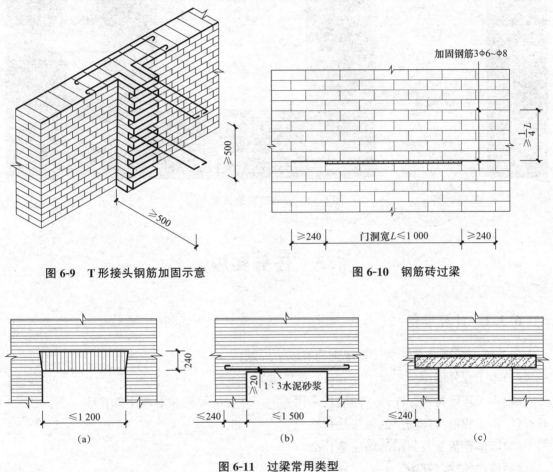

图6-9　T形接头钢筋加固示意　　　　　图6-10　钢筋砖过梁

图6-11　过梁常用类型
（a）平拱砖过梁；（b）钢筋砖过梁；（c）钢筋混凝土过梁

砖平拱、钢筋砖过梁工程量按图示尺寸以立方米计算。如设计无规定，计算砖平拱工程量时，其长度按门洞口宽度两端共加100 mm记取。高度：在门窗洞口宽小于1 500 mm时，按240 mm计算；如果大于1 500 mm，按365 mm计算。

计算钢筋砖过梁工程量时，其长度按门窗洞口宽度两端加500 mm计取，高度按440 mm计算（图6-12）。

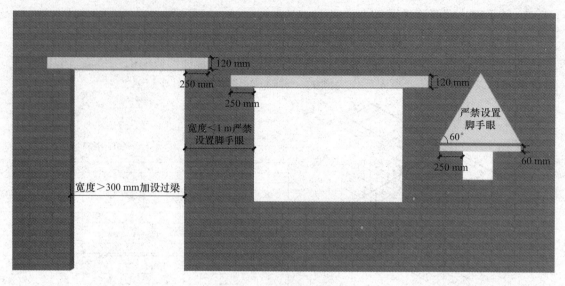

图 6-12　钢筋砖过梁长度

6.3　任务实施

6.3.1　计算准备

熟悉施工图纸，并结合计算规则回答以下问题：

(1)本工程外墙厚为_____ mm，其材质为_____。

(2)本工程除特殊标注外，内墙均采用_____ mm 厚陶粒混凝土砌块墙。

(3)本工程墙身防潮层的做法是什么？_____。

(4)墙体预留洞及封堵的做法是什么？_____。

(5)该建筑物总高为_____ m，各层高度分别为_____。

(6)关于实心砖墙高度计算的说法，下列正确的是(　　)。

　　A. 有屋架且室内外均有天棚者，外墙高度算至屋架下弦底另加 100 mm

　　B. 有屋架且无天棚者，外墙高度算至屋架下弦底另加 200 mm

　　C. 无屋架者，内墙高度算至天棚底另加 300 mm

　　D. 女儿墙高度从屋面板上表面算至混凝土压顶下表面

(7)关于实心砖外墙高度的计算，下列正确的是(　　)。

　　A. 平屋面算至钢筋混凝土板顶

　　B. 无天棚者算至屋架下弦底另加 200 mm

　　C. 内外山墙按其平均高度计算

　　D. 有屋架且室内外均有顶者算至屋架下弦底另加 300 mm

(8)以下说法的正确有(　　)。(多选)

　　A. 砖围墙如有混凝土压顶时算至压顶上表面

　　B. 砖基础的垫层通常包括在基础工程量中，不另行计算

　　C. 砖墙外凸出墙面的砖垛应按体积并入墙体内计算

　　D. 砖地坪通常按设计图示尺寸以面积计算

　　E. 通风管、垃圾道通常按图示尺寸以长度计算

(9)关于石砌台阶工程量计算的说法正确的是(　　)。

　　A. 按实砌体积并入基础工程量中计算　　B. 按砌筑纵向长度以米计算

　　C. 按水平投影面积以平方米计算　　　　D. 按设计尺寸以体积计算

6.3.2　工程量计算

(1)由于砌筑工程计算量较大，本书内、外墙各取一轴为例计算。

(2)计算前应确定的数据。

1)外墙：页岩多孔砖。

以首层Ⓐ：②~⑨轴为例

$$h=1.05+3.9-1.05=3.9(m)$$

$$d=0.24\ m$$

$$l=29.04-1.5-0.5\times5-0.5\times3=23.54(m)$$

$$S_{门窗}=3.27\times2.8+3.4\times2.8\times4+2.9\times2.8+1.95\times2.8=60.816(m^2)$$

$$V_{马牙槎}=0.087\ 8\ m^3$$

2)内墙：加气混凝土砌块。

以首层④：Ⓐ~Ⓒ轴为例

$$h=1.05+3.9-0.7=4.25(m)$$

$$d=0.24(m)$$

$$l=7.8+7.2-0.38\times2-0.6=13.64(m)$$

(3)根据图纸计算工程量，见表6-2。

表6-2　工程量计算

定额编号	项目名称	计算式	单位	工程量
A4—0004	砌筑砖墙 (一层外墙 Ⓐ：②~⑨轴)	(23.54×3.9−60.816)×0.24−0.087 8	m³	7.349 8
A4—0093	加气混凝土砌块 (一层内墙 ④：Ⓐ~Ⓒ轴)	13.64×4.25×0.24	m³	13.91

说明：定额中按烧结煤矸石普通砖计算取费，待计价时，应进行换算。

（4）软件算量验证，如图 6-13 和图 6-14 所示。

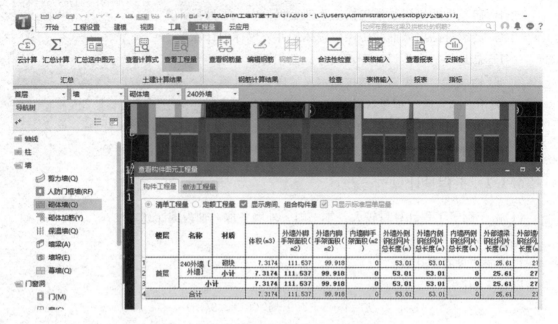

图 6-13　Ⓐ：②～⑨轴墙体工程量软件算量验证

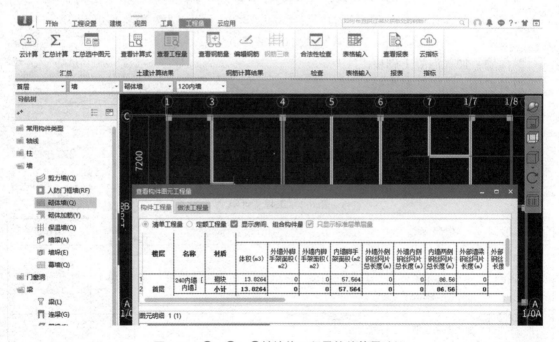

图 6-14　④：Ⓐ～Ⓒ轴墙体工程量软件算量验证

6.3.3 典型砌筑工程计算案例

(1)某小型住宅为现浇钢筋混凝土平顶砖墙结构,如图 6-15 所示。室内净高为 2.9 m,门窗均用平拱砖过梁,窗洞高均为 1.5 m,内墙均为一砖混水墙,用 M2.5 水泥混合砂浆砌筑。门窗明细见表 6-3,计算其工程量。将计算结果汇总至表 6-4。

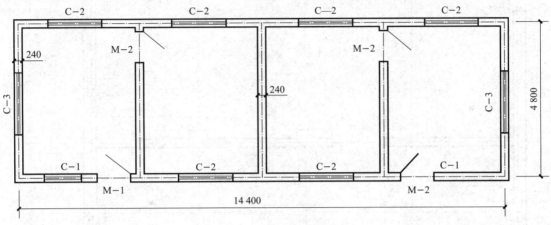

图 6-15 某住宅平面图

表 6-3 门窗表

名称编号	规格	数量
M-1	1 000×2 000	2
M-2	900×2 200	2
C-1	1 100×1 500	2
C-2	1 600×1 500	6
C-3	1 800×1 500	2

表 6-4 砌筑工程量计算汇总表

部位	墙长/m	墙高/m	墙毛面积(墙长×墙高)/m²	门窗洞口面积/m²	墙净面积(墙毛面积-门窗洞口面积)/m²	墙厚/m	应增加或扣除体积(V_b)/m³	墙体体积(墙净面积×墙厚±应增加或扣除体积)/m³
外墙								
内墙								
合计								

(2)如图 6-16 和图 6-17 所示的砖混结构单层建筑,外墙厚为 360 mm,屋面板厚为 0.12 m,外墙均为偏中轴线。外墙中圈梁、过梁的体积为 11.30 m³(其中地圈梁体积为

4.43 m³)，内墙中圈梁、过梁体积为 1.44 m³（其中地圈梁体积为 0.67 m³），内外墙门窗明细见表 6-5，计算该建筑砖砌体工程量，将计算结果汇总至表 6-6 中。

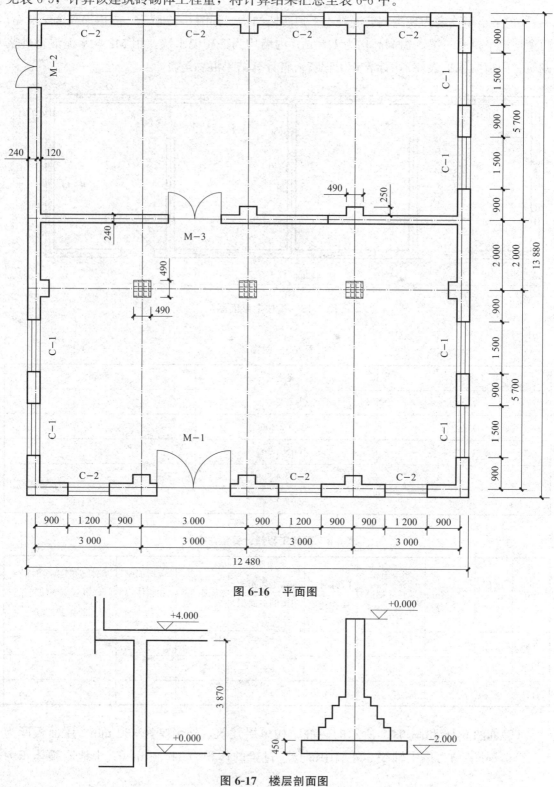

图 6-16　平面图

图 6-17　楼层剖面图

表 6-5 门窗表

名称编号	规格/(mm×mm)	数量
C—1	1 500×1 800	6
C—2	1 200×1 800	7
M—1	2 100×2 400	1
M—2	1 200×2 700	1
M—3	1 500×2 400	1

表 6-6 砌筑工程量计算汇总表

项目		外墙		内墙	
		基础	墙身	基础	墙身
墙长/m					
高/m					
毛面积(墙长×高)/m²					
门窗洞口面积/m²					
净面积(毛面积−门窗洞口面积)/m²					
砖垛体积/m³					
应增加或扣除体积(V_b)/m³					
砖砌体体积/m³					
砖柱体积/m³	砖柱基础				
	砖柱墙身				

6.4 任务小结

6.4.1 计算砌筑工程量应注意的问题

(1)注意首层墙身高度不应忽略地下部分。
(2)注意确定墙身长度时,不能扣减门窗洞口所占长度。
(3)注意应扣减、增加构件的计算原则。
(4)注意不同位置墙体内的梁、柱尺寸不同,扣除的工程量不同。
(5)如为条形砖基础,应注意区分墙身与基础。

格不同时，按实际规格计算。

4) 基础高度。基础与墙、柱的划分一般以±0.000为界，±0.000以下至图示结构为基础高度范围，如图4-2所示。

5) 基础墙长度。外墙墙基按外墙中心线长度计算；内墙墙基按内墙净长线计算。

6) 应扣除或并入的体积。附墙垛基础宽出部分体积按折加长度合并计算，扣除地梁（圈梁）、构造柱所占体积，不扣除基础大放脚T形接头处（图4-3）的重叠部分及嵌入基础的钢筋、铁件、管道、基础砂浆防潮层和单个面积≤0.3 m²的孔洞所占体积，靠墙暖气沟的挑檐不增加。需并入附墙垛、附墙烟囱等基础宽出部分的体积。

7) 计算公式。

① 基础断面积。把基础大放脚划分成如图4-4所示的两部分，则基础断面面积为

$$S = bh + \Delta S \text{ 或 } S = b(h + \Delta h)$$

式中 ΔS——大放脚断面增加面积，可计算得出（如图4-3斜线部分所示的面积），也可查标准砖墙基大放脚增加面积表（表4-4）得出；

Δh——大放脚断面增加高度，可计算得出或查标准砖墙基大放脚增加高度表（表4-4）得出；

b——基础墙宽度；

h——基础设计深度。

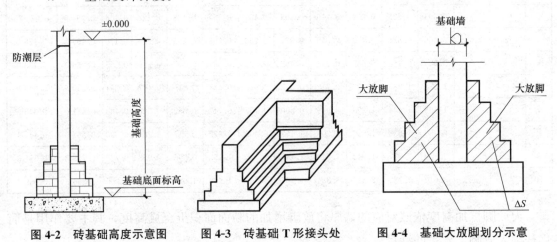

图4-2 砖基础高度示意图　　图4-3 砖基础T形接头处　　图4-4 基础大放脚划分示意

② 砖石基础工程量，除另有规定外，均按石砌体积以立方米计算。其计算公式为

$$V = L \times S_{断面} \pm V_{其他}$$
$$= V_外 + V_内$$

式中 L——条形砖基础长度；

$V_{其他}$——应扣除或并入的体积；

$V_外$——基础外墙体积；

$V_内$——基础内墙体积。

6.4.2 计算说明

砌筑工程计算量大且杂,涉及需增加、扣减的构件种类较多,应反复多次计算校核,避免丢项、落项,影响工程量准确性。

6.4.3 课后任务

(1)计算整楼砌筑工程量。
(2)在课程平台上完成本次课学习总结。
(3)在课程平台上预习混凝土及钢筋混凝土工程相关内容。

任务 7
混凝土及钢筋混凝土工程量计算

学习目标

1. 了解混凝土及钢筋混凝土工程的工作内容。
2. 了解模板工程的工程量计算规则。
3. 掌握混凝土柱、梁、板、楼梯、墙等构件的工程量计算规则。
4. 能根据图纸及规则准确计算混凝土及钢筋混凝土工程量。

7.1 任务描述

7.1.1 任务引入

在现代建筑中，建筑物的基础、主体骨架、结构构件、楼地面工程往往采用混凝土和钢筋混凝土作材料。根据施工方法不同，可分为现浇钢筋混凝土工程、预制钢筋混凝土工程和预应力钢筋混凝土工程；常见的混凝土构件有基础、柱、梁、板、墙等，不同的施工方法、不同的构件所消耗的人工、材料、机械数量各不同。混凝土及钢筋混凝土工程定额根据主要工种可分为模板、钢筋、混凝土及脚手架四部分，并按照施工方法、构件类型划分了多个定额子目。

7.1.2 任务要求

各组根据图纸及计算规则计算本工程混凝土柱、梁、板、楼梯、墙等构件的工程量。

7.2 计算规则与解析

7.2.1 工程量计算前应确定的问题

1. 混凝土

(1)混凝土按预拌混凝土编制的,采用现场搅拌时,执行相应的预拌混凝土项目,再执行现场搅拌混凝土调整费项目。现场搅拌混凝土调整费项目中,仅包含了冲洗搅拌机用水量,需冲洗石子,用水量另行处理。

(2)预拌混凝土是指在混凝土厂集中搅拌、用混凝土罐车运输到施工现场并入模的混凝土(圈过梁及构造柱项目中已综合考虑了因施工条件限制不能直接入模的因素)。

固定泵、泵车项目适用于混凝土送到现场未入模的情况,泵车项目仅适用于高度在15 m以内,固定泵项目适用于所有高度。

(3)混凝土按常用强度等级考虑,设计强度等级不同时可以换算;混凝土各种外加剂按图纸设计要求计算。

(4)毛石混凝土,按毛石占混凝土体积的20%计算,计算要求不同时,可以换算。

(5)混凝土结构物实体积最小几何尺寸大于1 m,且按规定需进行温度控制的大体积混凝土,温度控制费用按照经批准的专项施工方案计算。

(6)独立桩承台执行独立基础项目,带形桩承台执行带形基础项目,与满堂基础相连的桩承台执行满堂基础项目。

(7)二次灌浆时,如灌注材料与设计不同,可以换算;空心砖内灌注混凝土,执行小型构件项目。

(8)现浇混凝土柱、墙项目,均综合了每层底部灌注水泥砂浆的消耗量。地下室外墙执行直行墙项目。

(9)钢管柱制作、安装执行定额"第六章金属结构工程"相应项目;钢管柱浇筑混凝土使用反顶升浇筑法施工时,应增加相应的材料和机械。

(10)连梁执行相应直行墙定额。

(11)多肢混凝土墙墙厚≤0.3 m,最长肢长厚比≤4时执行异形柱,最长肢长厚比为4~8时执行短肢剪力墙,最长肢截面高厚比>8时执行直行墙定额,墙肢长按墙肢中心线计算。

(12)压型钢板上浇捣混凝土板,执行平板项目,人工乘以系数1.0。

(13)型钢组合混凝土构件,执行普通混凝土相应构件项目,人工、机械乘以系数1.20。

(14)屋面混凝土女儿墙单排配筋、厚度≤100 mm、高度≤1.2 m时执行栏板项目,否则执行相应厚度直行墙项目。

(15)挑檐、天沟壁厚度≤100 mm,高度≤400 mm时执行挑檐项目,高度>400 mm时,按全高执行栏板项目。

(16)阳台不包括阳台栏板及压顶内容,部分阳台板作为空调板使用,执行阳台板定额。

(17)预制板间补浇板缝,适用于板缝小于预制板的模数,但需支模板才能浇筑的混凝土板缝。

(18)楼梯是按建筑物一个自然层双跑楼梯考虑,如单坡直行楼梯(即一个自然层、无休息平台)按相应项目定额乘以系数1.2;三跑楼梯(即一个自然层、两个休息平台)按相应项目定额乘以系数0.9;四跑楼梯(即一个自然层、三个休息平台)按相应项目定额乘以系数0.75。当设计混凝土平均厚度与定额平均厚度不同时按实调整,人工按相应比例调整。

(19)散水混凝土按厚度60 mm编制,设计厚度不同时,可以换算;散水包括了混凝土浇筑、表面压实抹光及嵌缝内容,未包括基础夯实、垫层内容。

(20)台阶混凝土含量是按1.22 m³/10 m²综合编制的,设计含量不同时,可以换算;台阶包括了混凝土浇筑及养护内容,未包括基础夯实、垫层及面层装饰内容。

(21)与主体结构不同时浇捣的厨房、卫生间等处墙体下部的现浇混凝土翻边执行圈梁相应项目。

(22)独立现浇门框按构造柱项目执行。

(23)凸出混凝土柱、梁的线条,并入相应柱、梁构件;凸出混凝土外墙面、阳台梁、栏板外侧小于等于300 mm的装饰条,执行扶手、压顶项目;凸出混凝土外墙、梁外侧大于300 mm的板,按伸出外墙的梁、板体积合并计算,执行悬挑板项目。

(24)外形尺寸体积在1 m³以内的独立池槽及与建筑物相连的梁、板、墙结构式水池,分别执行梁、板、墙相应项目。

(25)后浇带包括了与原混凝土接缝处的钢丝网用量。

(26)定额按预拌混凝泥土编制了施工现场预制的小型构件项目,其他混凝土预制构件定额均按外购成品考虑。

(27)预制混凝土隔板,执行预制混凝土架空隔热板项目。

2. 钢筋

(1)钢筋工程按钢筋的不同品种和规格以现浇构件、预制构件、预应力构件及箍筋分别列项,钢筋的品种、规格比例按常规工程设计综合考虑。

(2)除定额规定单独列项计算外,各类钢筋、铁件的制作成型、绑扎、安装、锚固、非定尺搭接、固定所用人工、材料、机械消耗均已综合在相应项目内;设计另有规定者,按设计要求计算。直径25 mm以上的钢筋连接按机械连接考虑。电渣压力焊接头$\phi18$、$\phi32$按定额相应项目执行,$\phi25$、$\phi28$按$\phi32$定额项目分别乘以系数0.85、0.93执行。

(3)钢筋工程中措施钢筋,按设计图纸规定及施工验收规范要求计算,按品种、规格执行相应项目。

(4)现浇构件冷拔钢丝按$\phi10$以内钢筋制安项目执行。

(5)型钢组合混凝土构件中,型钢骨架执行定额"第六章金属结构工程"相应项目;钢筋执行现浇构件钢筋相应项目,人工乘以系数 1.50,机械乘以系数 1.15。

(6)混凝土空心楼板(ADS空心板)中钢筋网片,执行现浇构件钢筋相应项目,人工乘以系数 1.30,机械乘以系数 1.15。

(7)预应力混凝土构件中的非预应力钢筋按钢筋相应项目执行。

(8)非预应力钢筋未包括冷加工,设计要求冷加工时,应另行计算。

(9)预应力钢筋如设计要求人工时效处理时,应另行计算。

(10)后张法钢筋的锚固是按钢筋帮条焊、U形插垫编制的,如采用其他方法锚固,应另行计算。

(11)预应力钢筋束、钢绞线综合考虑了一端、两端张拉;锚具按单锚、群锚分别列项,单锚按单孔锚具列入,群锚按3孔列入。预应力钢筋束、钢绞线长度大于50 m时,应采用分段张拉;用于地面预制构件时,应扣除植筋胶的消耗量。

(12)植筋不包括植入的钢筋制作、化学螺栓,应扣除钢筋制作,按钢筋制安相应项目执行,化学螺栓另行计算;使用化学螺栓,应扣除植筋胶的消耗量。

(13)地下连续墙钢筋笼安放,不包括钢筋笼制作,钢筋笼制作按现浇钢筋制安相应项目执行。

(14)固定预埋铁件(螺栓)所消耗的材料按实计算,执行相应项目。

(15)现浇混凝土小型构件钢筋执行现浇构件钢筋相应项目,人工、机械乘以系数2。

3. 混凝土构件运输与安装

(1)混凝土构件运输。

1)构件运输适用于构件堆放场地或构件加工厂至施工现场的运输,运距以 30 km 以内考虑,30 km 以上另行计算。

2)构件运输基本运距按场内运输 1 km、场外运输 10 km 分别列项,实际运距不同时,按场内每增减 0.5 km、场外每增减 1 km 项目调整。

3)定额已综合考虑施工现场内、外(现场、城镇)运输道路等级、路况、重车上下坡等不同因素。

4)构件运输不包括桥梁、涵洞、道路加固、管线、路灯迁移及因限载、限高而发生的加固、扩宽、公交管理部门要求的措施等因素。

5)预制混凝土构件运输,按表 7-1 对预制混凝土构件分类。表中 1、2 类构件的单体体积、面积、长度 3 个指标中,以符合其中一项指标为准(按就高不就低的原则执行)。

表 7-1 预制混凝土构件分类表

类别	项目
1	桩、柱、梁、板、墙单件体积≤1 m³、面积≤4 m²、长度≤5 m
2	桩、柱、梁、板、墙单件体积>1 m³、面积>4 m²、5 m<长度≤6 m

续表

类别	项目
3	6 m 以上～14 m 的桩、柱、梁、板、屋架、桁架、托架(14 m 以上另行计算)
4	天窗架、侧板、端壁板、天窗上下档及小型构件

(2)预制混凝土构件安装。

1)构件安装部分履带式起重机或轮胎式起重机,以综合考虑编制。构件安装是按单机作业考虑的,如因构件超重(以起重机械重量为限)须双机台吊,按相应项目人工、机械乘以系数 1.20。

2)构件安装是按机械起吊点中心回转半径 15 m 以内距离计算。这距超过 15 m 时,构件须用起重机移运就位,且运距在 50 m 以内的,起重机械乘以系数 1.25;运距超过 50 m 时,应另按构件运输项目计算。

3)预制混凝土小型构件安装是指单体构件体积小于 0.1 m^3 以内的构件安装。

4)构件安装不包括运输、安装过程中起重机械、运输机械场内行驶道路的加固、铺垫工作的人工、材料、机械消耗,发生该费用时另行计算。

5)构件安装高度以 20 m 以内为准,安装高度(除塔式起重机施工外)超过 20 m 并小于 30 m 时,按相应项目人工、机械乘以系数 1.20。安装高度(除塔式起重机施工外)超过 30 m 时,另行计算。

6)构件安装需另行搭设的脚手架,按批准的施工组织设计要求,执行定额"措施项目"脚手架工程相应项目。

7)塔式起重机的机械台班均已包括在垂直运输机械费项目中。

单层房屋屋盖系统预制混凝土构件,必须在跨外安装的,按相应项目的人工、机械乘以系数 1.18,但使用塔式起重机施工时,不乘以系数。

4. 模板工程

(1)模板分复合模板、木模板,定额未注明模板类型的,均按木模板考虑。

(2)模板按企业自有编制。组合钢模板包括装箱,且已包括回库维修耗量。

(3)复合模板适用于竹胶、木胶等品种的复合板。

(4)地下室底板模板执行满堂基础;满堂基础模板已包括集水井模板杯壳。

(5)满堂基础下翻构件砖胎模,砖胎模中砌体执行定额"第四章砌筑工程"砖基础相应项目;抹灰执行《吉林省装饰工程计价定额》(JLJD-ZS-2019)相应项目。

(6)独立桩承台执行独立基础项目;带形桩承台执行带形基础项目;与满堂基础相连的桩承台执行满堂基础项目。高杯基础杯口高度大于杯口大边长度 3 倍以上时,杯口高度部分执行柱定额,杯形基础执行柱项目。

(7)现浇混凝土柱(不含构造柱)、墙、梁(不含圈、过梁)、板是按高度(板面或地面、垫层面至上层板面的高度)3.6 m 综合考虑的。如遇斜板面结构,柱分别以各柱的中心高度为准；墙以分段墙的平均高度为准；框架梁以每跨两端的支座平均高度为准；板（含梁板合计的梁）以高点与低点的平均高度为准。异形柱、梁是指柱、梁的断面形状为L形、十字形、T形、Z形的柱、梁。

(8)柱模板如遇弧形和异形组合时，执行圆柱项目。圆形柱模板按直径0.5 m以外考虑的，直径0.5 m以内乘以系数1.6；矩形柱模板按周长在1.8 m以内考虑的，周长在1.2 m以内时乘以系数1.3，周长在1.8 m以外时乘以系数0.6。

(9)多肢混凝土墙墙厚≤0.3 m，最长肢长厚比≤4执行异形柱，最长肢长厚比为4～8时执行短肢剪力墙，最长肢截面高厚比＞8时执行直行墙定额，墙肢长按墙肢中心线计算。

(10)外墙设计采用一次摊销止水螺杆方式支模时将对拉螺栓材料换为止水螺杆，其消耗量按对拉螺栓数量乘以系数1.2计算，取消塑料套管消耗量，其余不变。直行墙模板按墙厚在200 mm以内考虑的，墙厚在100 mm以内时乘以系数1.8，墙厚在300 mm以内时乘以系数0.67，墙厚在300 mm以外时乘以系数0.48。

(11)板或拱形结构按板顶平均高度确定支模高度，电梯井壁按建筑物自然层层高确定支模高度。

(12)混凝土梁、板应分别计算执行相应项目，混凝土板适用于截面厚度≤250 mm的情况；板中暗梁并入板内计算；墙、梁弧形且半径≤9 m时，执行弧形墙、梁项目。有梁板模板按板厚在100 mm以内考虑的，板厚在100 mm以外的乘以系数0.85。

(13)现浇空心板执行平板项目，内模安装另行计算。

(14)薄壳板模板不分筒式、球形、双曲面等，均执行同一项目。

(15)型钢组合混凝土构件模板，按构件相应项目执行。

(16)屋面混凝土女儿墙单排钢筋在厚度≤100 mm、高度≤1.2 m时执行栏板项目，否则执行相应厚度直行墙项目。

(17)混凝土栏板高度（含压顶扶手及翻沿），按净高在1.2 m以内考虑，超过1.2 m时执行相应墙项目。

(18)现浇混凝土阳台板、雨篷板按三面悬挑形式编制，一面为弧形栏板且半径≤9 m时，执行圆弧形阳台板、雨篷板项目；如非三面悬挑式的阳台、雨篷，则执行梁、板相应项目。

(19)挑檐、天沟壁高度≤400 mm时，执行挑檐项目；挑檐、天沟壁高度＞400 mm时，按全高执行栏板项目。单体体积在0.1 m³以内时，执行小型构件项目。

(20)预制板间补现浇板缝执行平板项目。

(21)现浇飘窗板、空调板执行悬挑板项目。

(22)楼梯是按建筑物一个自然层双跑楼梯考虑，如单坡直行楼梯（即一个自然层、无休息平台）按相应项目人工、材料、机械乘以系数1.2计算；三跑楼梯（即一个自然层、两个休息平台）按相应项目人工、材料、机械乘以系数0.75计算。剪刀楼梯执行单坡直行楼梯相应系数。

(23)与主体结构不同时浇捣的厨房、卫生间等处墙体下部现浇混凝土翻边的模板执行圈梁相应项目。

(24)散水、防滑坡道模板执行垫层相应项目。

(25)凸出混凝土柱、梁、墙面的线条,并入相应构件计算,在按凸出的线条道数执行模板增加费项目;单独窗台板、栏板扶手、墙上压顶的单阶挑檐不另计算模板增加费;其他单阶线条凸出宽度≥200 mm 的执行挑檐项目。

(26)外形尺寸体积在 1 m³ 以内的独立池槽执行小型构件项目,1 m³ 以上的独立池槽及与建筑物相连的梁、板、墙结构式水池,分别执行梁、板、墙相应项目。

(27)当设计要求为清水混凝土模板时,执行相应模板项目,并作如下调整:复合模板材料换算为镜面胶合板,机械不变,其人工按表 7-2 增加工日。

表 7-2 清水混凝土模板增加工日表   10 m³

项目	柱			梁		墙		有梁板、无梁板、平板
	矩形柱	圆形柱	异形柱	矩形梁	异形梁	直行墙、电梯井壁墙	短肢剪力墙	
工日	3.86	3.91	6.21	4.56	4.66	2.85	2.28	3.16

(28)预制构件地模的摊销,已包括在预制构件的模板中。

(29)建筑物檐高以设计室外地坪至檐口滴水高度(平屋顶系指屋面板底高度,斜屋面系指外墙外边线与斜屋面板底的交点)为准。突出主体建筑屋顶的楼梯间、电梯间、水箱间、屋面天窗等不计入檐口高度。

(30)同一建筑物有不同檐高时,按建筑物的不同檐高纵向分割,分别计算建筑面积,并按各自的檐高执行相应项目。建筑物多种结构按不同结构分别计算。

7.2.2 计算规则与解析

1. 混凝土

(1)现浇混凝土。

1)混凝土工程量除另有规定外,均按设计图示尺寸以体积计算,不扣除构件内钢筋、预埋铁件及墙、板中 0.3 m² 以内的孔洞所占体积。型钢混凝土中型钢骨架所占体积按型钢密度 7.85 t/m³ 扣除。

2)基础。按设计图示尺寸以体积计算,不扣除伸入承台基础的桩头所占体积。详解内容已在任务 4 中讲解。

3)柱。现浇柱是现场支模、就地浇捣的钢筋混凝土柱,如框架柱和构造柱等。其工程量按设计图示尺寸以体积计算,不扣除构件内钢筋、预埋铁件所占体积,其工程量计算公式如下:

$$V = S \times h \pm V'$$

式中 S——柱断面面积(m^2);

h——柱高(m);

V'——按定额规定应增减的体积(m^3)。

①柱断面的确定。按图示尺寸的平面几何形状计算,常见的几何断面有矩形、圆形、圆环形(空心柱)和工字形(图7-1)。

图 7-1 柱断面形状

(a)矩形;(b)圆形;(c)环形;(d)工字形

②柱高的确定(图 7-2)。

a. 有梁板的柱高:应自柱基上表面(或楼板上表面)至上一层楼板上表面之间的高度计算。

b. 无梁板的柱高:应自柱基上表面(或楼板上表面)至柱帽下表面之间的高度计算。

c. 框架柱的柱高,应自柱基上表面至柱顶面高度计算。

d. 构造柱按全高计算,嵌接墙体部分(马牙槎)并入柱身体积。构造柱的马牙槎净距为 300 mm,宽为 60 mm。

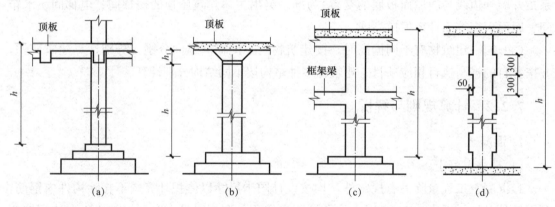

图 7-2 柱高的确定

(a)有梁板柱高;(b)无梁板柱高;(c)框架柱柱高;(d)构造柱柱高

③依附柱上的牛腿,并入柱身体积计算。按规定,柱上牛腿与柱的分界以下柱边为分界线。如图 7-3 所示,牛腿体积计算公式为

$$V_t = (h - 1/2 \times c\tan\alpha) \times c \times b$$

式中 V_t——牛腿柱体积;

h——牛腿高;

α——牛腿与地面的夹角；
c——牛腿宽；
b——牛腿所在柱宽。

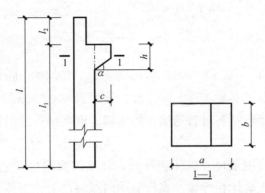

图 7-3　牛腿柱断面图

④钢管混凝土柱以钢管高度按照钢管内径计算混凝土体积。

⑤同一柱有几个不同断面时，工程量应按断面分别计算体积后相加。

【例 7-1】　计算如图 7-4 所示的钢筋混凝土柱的工程量。

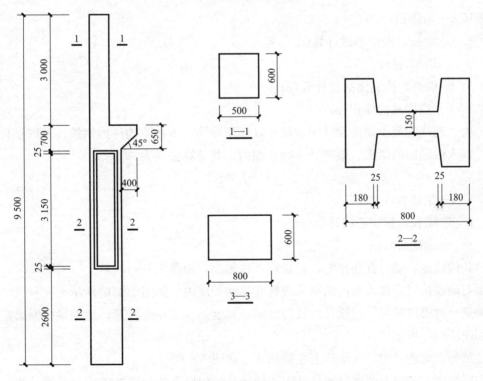

图 7-4　多截面钢筋混凝土柱示意

【解】 上柱体积： $V_1=0.50\times0.60\times3.0=0.90(\text{m}^3)$

下柱体积 V_2：先将下柱不同断面分段计算体积，再求出下柱的总体积。

$$V_2=0.80\times0.60\times(2.60+0.70)+[0.15\times(0.80-2\times0.18-0.025)+0.60\times(2\times0.18+0.025)]\times(3.15+2\times0.025)$$

$$=1.584+0.938$$

$$=2.52(\text{m}^3)$$

柱上牛腿的体积 $V_3=0.40\times0.60\times(0.65-1/2\times0.40\times\tan45°)=0.11(\text{m}^3)$

柱总体积 $V=0.90+2.52+0.11=3.53(\text{m}^3)$

4) 墙。现浇混凝土墙包括各种普通墙、挡土墙、框架结构的纵横内墙形成的剪力墙和电梯井壁墙等。

现浇混凝土墙按设计图示尺寸以体积计算，扣除门窗洞口及 0.3 m^2 以外孔洞所占体积，墙垛及凸出部分并入墙体积计算。直行墙中门窗洞口上、下连接并入墙体积；短肢剪力墙结构砌体内门窗洞口上、下的连接并入短肢剪力墙体积。

墙与柱连接时墙算至柱边；墙与梁连接时墙算至梁底；墙与板连接时板算至墙侧；未凸出墙面的暗梁暗柱并入墙体积。

现浇混凝土墙工程量计算公式为

$$V=L\times h\times d\pm V'$$

式中 V——墙体积(m^3)；

L——墙长，按中心线计算(m)；

d——墙厚(m)；

h——墙高，按实浇高度计算(m)；

V'——应增减的体积(m^3)。

5) 梁。现浇混凝土梁按设计图示尺寸以体积计算，不扣除构件内钢筋、预埋铁件所占体积，深入砖墙内的梁头、梁垫并入梁体积内。其计算公式为

$$V=L\times S$$

式中 V——梁体积(m^3)；

L——梁长，按中心线计算(m)；

S——梁截面面积。

梁长的确定：梁与柱连接时，梁长算至柱侧面，如图7-5(a)所示。

梁与墙连接时，深入墙内的梁头应算在梁的长度内，如图7-5(b)所示。

圈梁与过梁连接时，过梁长度按门窗洞口宽度加 500 mm 计算，地圈梁按圈梁定额计算，如图7-5(c)所示。

主梁与次梁连接时，次梁算至主梁侧面，如图7-6所示。

圈梁长度：外墙上的圈梁按外墙中心线计算，内墙上的圈梁按内墙净长线计算。圈梁与构造柱(柱)连接时，圈梁的长度算至柱侧面。

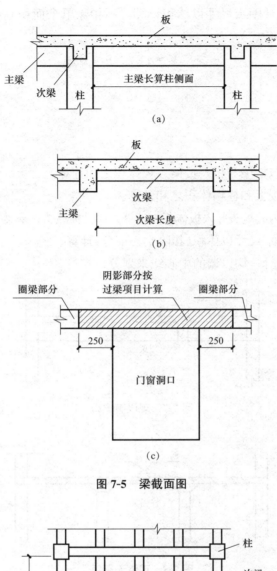

图 7-5 梁截面图

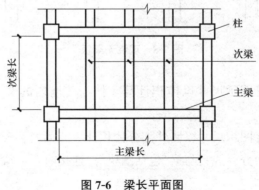

图 7-6 梁长平面图

6)板。钢筋混凝土板是房屋的水平承重构件。除承受自重外，主要还承受楼板上的各种使用荷载，并将荷载传递到墙、柱、砖垛及基础。同时，还起着建筑楼层的分隔作用。现浇钢筋混凝土板按其构造形式可分为有梁板、无梁板、平板等。

现浇混凝土板按设计图示尺寸以体积计算,不扣除单个面积 0.3 m² 以内的柱、垛及孔洞所占体积。其计算公式为

$$V = a \times b \times h$$

式中　V——板体积(m^3);

　　　a——板宽(m);

　　　b——板长(m);

　　　h——板厚(m)。

①有梁板(图 7-7)包括梁与板,按梁、板体积之和计算。

②无梁板(图 7-8)按板和柱帽体积之和计算。

③各类板深入砖墙内的板头并入板体积内计算,薄壳板的肋、基梁并入薄壳体积内计算。

④空心板按设计图示尺寸以体积(扣除空心部分)计算。

⑤不同类型板连接时,均以墙的中心线来划分。

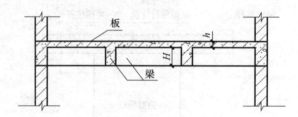

图 7-7　现浇有梁板

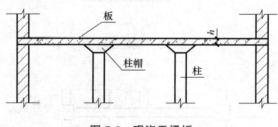

图 7-8　现浇无梁板

7)栏板、扶手按设计图示尺寸以体积计算,伸入砖墙内的部分并入栏板、扶手体积计算。

8)挑檐、天沟按设计图示尺寸以墙外部分体积计算。挑檐、天沟板与板(包括屋面板)连接时,以外墙外边线为分界线;与梁(包括圈梁等)连接时,以梁外边线为分界线;外墙外边线以外为挑檐、天沟。

9)凸阳台(凸出外墙外侧用悬挑梁悬挑的阳台)按阳台项目计算;凹进墙内的阳台,按梁、板分别计算,阳台栏板、压顶分别按栏板、压顶项目计算。

10)雨篷梁、板工程量合并,按雨篷以体积计算,高度≤400 mm 的栏板并入雨篷体积计算,栏板高度>400 mm 时,其超过部分按栏板计算。

11)楼梯(包括休息平台,平台梁、斜梁及楼梯的连接梁)按设计图示尺寸以水平投影面积计算,不扣除宽度<0.5 m 楼梯井,深入墙内部分不计算。当整体楼梯与现浇板无梯梁连接时,以楼梯的最后一个踏步边缘加 300 mm 为界,带门或门洞的封闭楼梯间按楼梯间整体水平投影净面积计算。

12)散水、台阶按设计图示尺寸,以水平投影面积计算。台阶与平台连接时其投影面积应以最上层踏步外沿加 300 mm 计算。

13)场馆看台、地沟、混凝土后浇带按设计图示尺寸以体积计算。

14)二次灌浆、空心砖内灌注混凝土,按照实际灌注混凝土体积计算。

15)空心楼板铜芯、箱体安装,均按体积计算。

(2)预制混凝土。预制混凝土均按图示尺寸以体积计算,不扣除构件内钢筋、铁件及小于 0.3 m^2 以内孔洞所占体积。

(3)预制混凝土构件接头灌缝。预制混凝土构件接头灌缝,均按预制混凝土构件体积计算。

2. 钢筋

(1)现浇、预制构件钢筋,按设计图示钢筋中心线长度外加搭接长度乘以单位理论质量计算。

(2)除钢筋端部弯钩按理论弯曲中心线长度计算外,其他弯曲部分均按直形折线长度计算。

(3)钢筋搭接长度和接头数量按设计图示及规范要求计算;设计图示及规范要求未标明的长钢筋,按每 9 m 一个搭接(接头)计算。

(4)箍筋或分布钢筋等按间距计算的钢筋数量按间隔数量向上取整加 1 计算。

(5)先张法预应力钢筋按设计图示钢筋长度乘以理论质量计算。

(6)后张法预应力钢筋按设计图示钢筋(绞线、丝束)长度乘以单位理论质量计算。

1)低合金钢筋两端均采用螺杆锚具时,钢筋长度按孔道长度减 0.35 m 计算,螺杆另行计算。

2)低合金钢筋一端采用镦头插片,另一端采用螺杆锚具时,钢筋长度按孔道长度计算,螺杆另行计算。

3)低合金钢筋一端采用镦头插片,另一端采用帮条锚具时,钢筋按增加 0.15 m 计算。

4)低合金钢筋采用后张法混凝土自锚时,钢筋长度按孔道长度增加 0.35 m 计算。

5)低合金钢筋(钢绞线)采用 JM、XM、QM 型锚具,孔道长度≤20 m 时,钢筋长度按孔道长度增加 1 m 计算;孔道长度>20 m 时,钢筋长度按孔道长度增加 1.8 m 计算。

6)碳素钢丝采用锥形锚具,孔道长度≤20 m 时,钢丝束长度按孔道长度增加 1 m 计算;孔道长度>20 m 时,钢丝束长度按孔道长度增加 1.8 m 计算。

7)碳素钢丝采用镦头锚具时,钢丝束长度按孔道长度增加 0.35 m 计算。

(7)预应力钢丝束、钢绞线锚具安装按套数计算。

(8)当设计要求钢筋接头采用机械连接时,按数量计算,不再计算该处的钢筋搭接长度。

(9)植筋按数量计算,植入钢筋按外露和植入部分之和长度乘以单位理论质量计算。

(10)钢筋网片、混凝土灌注桩钢筋笼、地下室连续墙钢筋笼按设计图示钢筋长度乘以单位理论质量计算。

(11)混凝土构件预埋铁件、螺栓,按设计图示尺寸,以质量计算。

3. 混凝土构件运输与安装

(1)预制混凝土构件运输及安装除另有规定外,均按构件设计图示尺寸,以体积计算。

(2)预制混凝土构件安装。

1)预制混凝土矩形柱、工形柱、双肢柱、空格柱、管道支架等安装,均按柱安装计算。

2)组合屋架安装,以混凝土部分体积计算,钢杆件部分不计算。

3)预制板安装,不扣除单个面积≤0.3 m²的孔洞所占体积,扣除空心板空洞体积。

4. 模板工程

(1)现浇混凝土构件模板,除另有规定者外,均按混凝土项目工程量计算。

(2)设备基础地脚螺栓套孔以不同深度以数量计算。

(3)对拉螺栓堵眼增加费按墙面、柱面、梁面模板接触面分别工程量计算。

(4)预制混凝土模板按预制混凝土构件工程量计算。

7.3 任务实施

7.3.1 计算准备

熟悉施工图纸,并结合计算规则回答以下问题:

(1)关于现浇混凝土工程量计算正确的有(　　)。(多选)

　　A. 构造柱工程量包括嵌入墙体部分
　　B. 梁工程量不包括伸入墙内的梁头体积
　　C. 墙体工程量包括墙垛体积
　　D. 有梁板按梁、板体积之和计算工程量
　　E. 无梁板深入墙内的板头和柱帽并入板体积内计算

(2)现浇混凝土挑檐、雨篷与圈梁连接时,其工程量计算的分界线应为(　　)。

　　A. 圈梁外边线　　　　　　　　B. 圈梁内边线
　　C. 外墙外边线　　　　　　　　D. 板内边线

(3)关于混凝土工程量计算的说法，下列正确的有（　　）。（多选）
  A. 框架柱的柱高按自柱基上表面至上层楼板上表面之间的高度计算
  B. 依附柱上的牛腿及升板的柱帽，并入柱身体积内计算
  C. 现浇混凝土无梁板按板和柱帽的体积之和计算
  D. 预制混凝土楼梯按水平投影面积计算
  E. 预制混凝土沟盖板、井盖板、井圈梁按设计图示尺寸以体积计算

(4)计算现浇混凝土楼梯工程量时，下列正确的做法是（　　）。
  A. 以斜面积计算　　　　　　　B. 扣除宽度小于 500 的楼梯井
  C. 深入墙内部分不另行计算　　D. 整体楼梯不包括连接梁

(5)关于工程量计算的说法，下列正确的有（　　）。（多选）
  A. 现浇混凝土整体楼梯按设计图示的水平投影面积计算，包括休息平台、平台梁、斜梁和连接梁
  B. 散水、坡道按设计图示尺寸以面积计算。不扣除单个面积在 0.3 m² 以内的孔洞面积
  C. 电缆沟、地沟和后浇带均按设计图示尺寸以长度计算
  D. 混凝土台阶按设计图示尺寸以体积计算
  E. 混凝土压顶按设计图示尺寸以体积计算

(6)本工程梁、板、柱的混凝土强度分别为_____。
(7)本工程包括哪些柱类型_____。
(8)本工程包括哪些梁类型_____。
(9)本工程包括哪些板类型_____。
(10)梁长怎样确定？_____。
(11)圈梁长度怎样确定？为什么？
(12)常见的混凝土楼板有哪几种？各有什么特点？适用于什么建筑类型？
(13)现浇混凝土整体楼梯怎样计算工程量？需要扣除哪些部位？

7.3.2　工程量计算

1. 计算说明

(1)混凝土柱以整楼工程量计算为例；
(2)混凝土梁以二层Ⓐ：①~⑨轴 KL1 为例计算；
(3)混凝土板以二层⑤⑥~ⒷⒸ轴楼板为例计算；
(4)现浇混凝土板厚为 120 mm；
(5)圈梁、构造柱现浇过梁混凝土强度为 C20；
(6)墙、梁、板、柱混凝土强度为 C25。

2. 根据图纸计算工程量

工程量计算见表 7-3。

表 7-3 工程量计算

定额编号	项目名称	计算式	单位	工程量
A5—0014	矩形柱	KZ－1(KZ－1 a)： $V=0.5\times0.5\times(14.35+0.8)\times14+0.5\times0.5\times(14.35+1.6)+0.5\times0.5\times4.35\times3=60.275$ KZ－2：$V=0.55\times0.6\times(14.35+0.8)\times2=9.999$	m³	70.274
A5—0021	矩形梁	$V=0.24\times1.05\times(28.8-1.5-0.5\times3-0.38\times3)$	m³	6.21
A5—0032	无梁板	$V=[(7.2-0.24)\times(3.9-0.24)-0.26\times0.13-0.155\times0.36]\times0.12$	m³	3.046

说明：定额中矩形柱、矩形梁、板的混凝土强度均按 C20 计算取费，待计价时，应进行换算。

3. 软件算量验证

软件算量验证如图 7-9～图 7-11 所示。

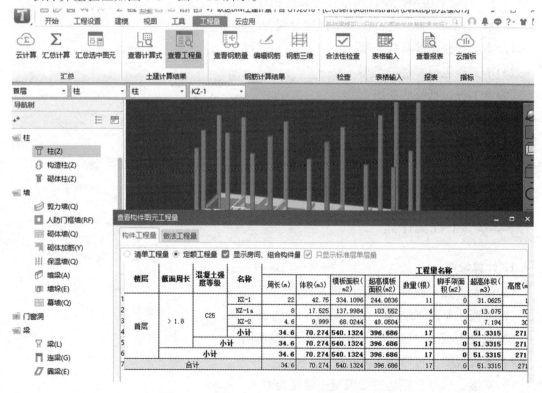

图 7-9 整楼框架柱工程量软件算量验证

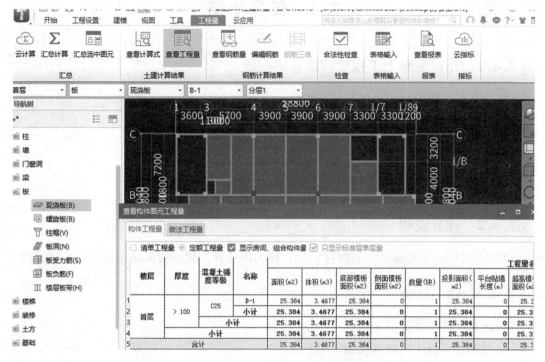

图 7-10　KL1 工程量软件算量验证

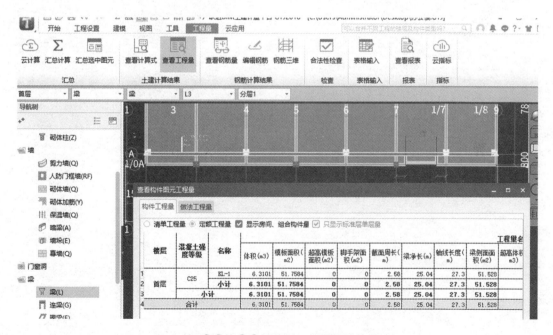

图 7-11　⑤⑥～ⒷⒸ轴楼板工程量软件算量验证

7.4　任务小结

7.4.1　计算混凝土工程量应注意的问题

(1)计算柱工程量时的关键尺寸为柱高。
(2)计算梁工程量时的关键尺寸为梁长。
(3)计算板工程量时的关键尺寸为板的长和宽。
(4)注意其他混凝土构件的计算,不要落项。
(5)模板工程量无须计算,均按其所在构件混凝土项目工程量。

7.4.2　计算说明

混凝土工程的工程量本书只以柱、梁、板为例计算,其余构件按定额规则类似计算。

7.4.3　课后任务

(1)计算整楼全部混凝土构件工程量。
(2)在课程平台上完成本次课学习总结。
(3)在课程平台上预习金属结构及木结构相关内容。

任务 8

金属结构与木结构工程量计算

学习目标

1. 了解金属结构工程量的计算规则。
2. 了解木结构工程量的计算规则。

8.1 任务描述

8.1.1 任务引入

金属结构是指建筑物内用各种型钢、钢板和钢管等金属材料或半成品，以不同连接方式加工制作、安装而形成的结构类型。金属结构与钢筋混凝土结构、砌体结构相比，具有强度高、材质均匀、塑性韧性好、拆迁方便等优点，但耐腐蚀性和耐火性较差。在我国的工业与民用建筑中，金属结构一般用于：重型厂房、受动力荷载作用的厂房；大跨度建筑结构；多层、高层和超高层建筑结构；高耸构筑物；容器、贮罐、管道；可拆卸、装配房屋和其他构筑物。

木结构是单纯由木材或主要由木材承受荷载的结构，通过各种金属连接件或榫卯手段进行连接和固定。这种结构因为是由天然材料所组成，受着材料本身条件的限制。

8.1.2 任务要求

了解金属结构与木结构建筑的特点，了解其工程量计算规则。

8.2 计算规则与解析

8.2.1 工程量计算前应确定的问题

1. 金属结构

(1)金属结构制作安装。

1)定额适用于金属构件采用现场制作或施工企业附属加工厂制作的情况。

2)构件制作项目中钢材按钢号 Q235 编制,构件制作设计使用的钢材强度等级、型材组成比例与定额中不同时,可按设计图纸进行调整;配套焊材单价相应调整,用量不变。

3)定额构件制作项目中钢材损耗率为 8%,包括了切割和制作损耗。

4)构件制作项目已包括加工厂预装配所需的人工、材料、机械台班用量及预拼装平台摊销费用。

5)钢网架制作、安装项目按平面网格结构编制,涉及筒壳、球壳及其他曲面结构的,其制作项目人工、机械乘以系数 1.3,安装项目人工、机械乘以系数 1.2。

6)钢桁架制作、安装项目按直线型桁架编制,如设计为曲线、折线形桁架,其制作项目人工、机械乘以系数 1.3,安装项目人工、机械乘以系数 1.2。

7)构件制作项目中焊接 H 形钢构件均按钢板加工焊接编制,实际采用成品 H 型钢的,主材按成品价格进行换算,人工、机械及除主材外的其他材料乘以系数 0.6。

8)定额中圆(方)钢管构件按成品钢管编制,实际采用钢板加工而成的,主材价格调整,加工费用另计。

9)构件制作按构件种类及截面形式不同套用相应的项目,构件安装按构件种类及质量不同套用相应项目,构件安装项目中的质量指按设计图纸所确定的构件单元质量。

10)轻钢屋架是指单榀质量在 1 t 以内,且用角钢或圆钢、管材作为支撑、拉杆的钢屋架。

11)实腹钢柱(梁)是指 H 形、箱形、T 形、十字形等,空腹钢柱是指格构形等。

12)制动梁、制动板、车挡套用钢吊车梁相应项目。

13)柱间、梁间、屋架间的 H 形或箱形支撑,套相应的钢柱或钢梁制作、安装项目;墙架柱、墙架梁和相配套连接杆套用本节相应项目。

14)型钢混凝土组合结构中的钢构件套用本节相应项目,制作项目人工、机械乘以系数 1.15。

15)钢栏杆(钢护栏)定额适用于钢楼梯、钢平台及钢走道板等与金属结构相连接的栏杆,其他部位的栏杆、扶手应套用装饰工程计价定额"其他装饰工程"相应项目。

16)基坑围护中的格构柱套用本节相应项目,其中制作项目(除主材外)乘以系数 0.7,安装项目乘以系数 0.5。

17)单件质量在 25 kg 以内的加工铁件套用本节定额中的零星构件。需埋入混凝土的铁件及螺栓套用本书混凝土及钢筋混凝土工程相应项目。

18)构件制作项目中未包括除锈工作内容,发生时套用相应项目。其中喷砂或抛丸除锈项目按 Sa2.5 除锈等级,如设计为 Sa3 级则定额乘以系数 1.1,如设计为 Sa2 级或 Sa1 级则定额乘以系数 0.75;手工及动力工具除锈项目按 St3 除锈等级,如设计为 St2 级则定额乘以系数 0.75。

19)构件制作中未包括油漆工作内容,设计有要求时,套用装饰工程计价定额"油漆、涂料、裱糊工程"和定额相应项目。

20)构件制作、安装项目中已包括了施工企业按照质量验收规范要求所需的磁粉探伤、超声波探伤等常规检测费用。

21)钢结构构件 15 t 及以下构件按单机吊装编制,其他按双机抬吊考虑吊装机械,网架按分块吊装考虑配制相应机械。

22)钢构件安装项目按檐高 20 m 以内、跨内吊装编制,实际须采用跨外吊装的,应按施工方案进行调整。

23)钢结构构件采用塔式起重机吊装的,将钢构件安装项目中的汽车式起重机 20 t、40 t 分别调整为自升式塔式起重机 2 500 kN·m、3 000 kN·m,人工及起重机械乘以系数 1.2。

24)钢构件安装项目中已考虑现场拼装费用,但未考虑分块或整体吊装的钢网架、钢桁架地面平台拼装摊销,如发生则套用现场拼装平台摊销定额项目。

(2)金属结构运输。

1)金属结构构件运输定额是按加工厂至施工现场考虑的,运输距离以 30 km 为限,运距在 30 km 以上时按照构件运输方案和市场运价调整。

2)金属结构构件按表 8-1 分为 3 类,套用相应项目。

表 8-1 金属结构构件分类表

类别	构件名称
一	钢柱、屋架、托架、桁架、吊车梁、网架、钢架桥
二	钢梁、檩条、支撑、拉条、栏杆、钢平台、钢走道、钢楼梯、零星构件
三	墙架、挡风架、天窗架、轻钢屋架、其他构件

(3)金属结构楼(墙)面板及其他。

1)金属结构楼面板和墙面板按成品板编制。

2)压型楼面板的收边板未包括在楼面板项目内,应单独计算。

2. 木结构

(1)木材木种均以一、二类木种取定。如采用三、四类木种,相应定额制作人工、机械乘以系数 1.35。

(2)设计抛光的屋架、檩条、屋面板在计算木料体积时,应加刨光损耗,方木一面刨光加 3 mm,两面刨光加 5 mm;圆木直径加 5 mm;板一面刨光加 2 mm,两面刨光加 3.5 mm。

(3)屋架跨度是指屋架两端上、下弦中心线交点之间的距离。

(4)屋面板制作厚度不同时可进行调整。

(5)木屋架、钢木屋架定额项目中的钢板、型钢、圆钢用量与设计不同时,可按设计数量另加 8%损耗进行换算,其余不再调整。

8.2.2 计算规则与解析

1. 金属结构

(1)金属构件制作。

1)金属构件工程量按设计图示尺寸乘以理论质量计算。建筑物各种构件对其构造和质量有一定的要求,使用的金属材料也不同。在建筑工程中,金属结构最常用的金属材料为普通碳素结构钢和低合金钢结构,形式有钢板(图 8-1)、钢管(图 8-2)、各类型钢和圆钢等。

①钢板按厚度可划分为厚板(60～400 mm)、中板(4～60 mm)和薄板(4 mm 以内)。钢板通常用"—"后加"宽度×厚度×长度"表示,如— 600×10×12 000 为 600 mm 宽、10 mm 厚、12 m 长的钢板。为方便起见,钢板也可只表示其厚度,如— 10,表示厚度为 10 mm 的钢板,宽度、长度按图示尺寸计算。

图 8-1 钢板示意

图 8-2 钢管示意

②按照生产工艺,钢管分为无缝钢管和焊接钢管两大类。钢管用"ϕ"后加"外径×壁厚"表示,如"$\phi 400 \times 6$"为外径 400 mm、壁厚 6 mm 的钢管。

③型钢(图 8-3)。

a. 角钢。角钢有等边角钢(也称等肢角钢)和不等边角钢(也称不等肢角钢)两种。等边角钢的表示方法为"⌐"后加"边角宽×厚",如⌐50×6 表示边角宽 50 mm、厚度 6 mm 的等边角钢;不等边角钢的表示方法为"∟"后加"长边角宽×短边角宽×厚度",如∟100×80×8 为长边角宽 100 mm、短边角宽 80 mm、厚度 8 mm 的不等边角钢。

b. 槽钢。槽钢常用型号表示,型号数为槽钢的高度(cm)。型号 20 以上还要附以字母 a、b 或 c 区别腹板厚度,如[10 表示高度为 100 mm 的槽钢。

c. 工字钢。普通工字钢的表示方法也是用型号表示高度(cm),如 I10 表示高度为 100 mm 的工字钢,型号 20 以上的也应附以字母 a、b 或 c 以区别腹板厚度。

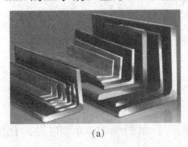 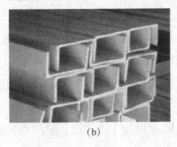 

(a) (b) (c)

图 8-3 型钢示意

(a)角钢;(b)槽钢;(c)工字钢

④圆钢。圆钢(钢筋)广泛应用在钢筋混凝土结构和金属结构中,其表示方法在钢筋混凝土结构中已介绍,此处不再重述。

⑤各类钢材计算公式见表 8-2。

表 8-2 各类钢材计算公式汇总表

名称	单位	计算公式
圆钢	kg/m	$0.006\ 17 \times d^2$
等边角钢	kg/m	$0.007\ 95 \times$ 边厚 $\times (2 \times$ 边宽 $-$ 边厚$)$
不等边角钢	kg/m	$0.007\ 95 \times$ 边厚 $\times ($长边宽 $+$ 短边宽 $-$ 边厚$)$
钢板	kg/m	$7.85 \times$ 板厚(mm)$\times$ 板宽(mm)
钢管	kg/m	$0.024\ 66 \times$ 壁厚 $\times ($外径 $-$ 壁厚$)$

2)金属构件计算工程量时不扣除单个面积≤0.3 m² 的孔洞质量,焊缝、铆钉、螺栓等不另增加质量。

3)钢网架计算工程量时,不扣除孔眼的质量,焊缝、铆钉等不另增加质量。焊接空心球网架质量包括连接钢管杆件、连接球、支托和网架支座等零件的质量,螺栓球节点网架质量包括连接钢管杆件(含高强螺栓、销子、套筒、锥头或封板)、螺栓球、支托和网架支座等零件的质量。

4)依附在钢柱上的牛腿及悬臂梁的质量等并入钢柱的质量,钢柱上的柱脚板、加劲板、柱顶板、隔板和肋板并入钢柱工程量。

5)钢管柱上的节点板、加强环、内衬板(管)、牛腿等并入钢管柱的质量。

6)钢平台的工程量包括钢平台的柱、梁、板、斜撑等的质量,依附于钢平台上的钢扶梯及平台栏杆,应按相应构件另行列项计算。

7)钢楼梯的工程量包括楼梯平台、楼梯梁、楼梯踏步等的质量,钢楼梯上的扶手、栏杆另行列项计算。

8)钢栏杆包括扶手的质量,合并套用钢栏杆项目。

9)机械或手工及动力工具除锈按设计要求以构件质量计算。

(2)金属结构运输、安装。

1)金属结构构件运输、安装工程量同制作工程量。

2)钢构件的构件制作现场拼装平台摊销工程量按实施拼装构件的工程量计算。

(3)金属结构屋(楼)面板及其他。

1)楼面板按设计图示尺寸以铺设面积计算,不扣除单个面积≤0.3 m² 的柱、垛及孔洞所占面积。

2)墙面板按设计图示尺寸以铺挂面积计算,不扣除单个面积≤0.3 m² 的梁、孔洞所占面积。

3)钢板天沟按设计图示尺寸以质量计算,依附于天沟的型钢并入天沟的质量计算;不锈钢天沟、彩钢板天沟按设计图示尺寸以长度计算。

4)金属构件安装使用的高强度螺栓、花篮螺栓和剪力栓钉按设计图示尺寸以"套"为单位计算。

5)槽铝檐口端面封边包角、混凝土浇捣收边板高度按150 mm考虑,工程量按设计尺寸以延长米计算;其他材料的封边包角、混凝土浇捣收边按设计图示尺寸以展开面积计算。

2. 木结构

(1)木屋架。

1)木屋架(图8-4)、檩条工程量按设计图示的规格尺寸以体积计算,附属于其上的木夹板、垫木、风撑、挑檐木、檩条三角条均按木料体积并入屋架、檩条工程量。单独挑檐木并入檩条工程量。檩托木、檩垫木已包括在定额项目内,不另行计算。

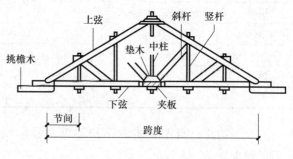

图8-4 屋架示意

2)圆木屋架上的挑檐木、风撑等设计规定为方木时,应将方木木料体积乘以系数1.7折合成圆木并入圆木屋架工程量。

3)钢木屋架工程量按设计图示的规格尺寸以体积计算。定额内已包括钢构件的用量,不再另行计算。

4)带气楼的屋架,其气楼屋架并入所依附屋架工程量。

5)屋架的马尾、折角和正交部分半屋架,并入相邻屋架工程量计算。

6)剪支檩木长度按设计计算,设计无规定时,按相邻屋架或山墙中距增加0.2 m接头计算,两端出山檩条算至搏风板;连续檩的长度按设计长度增加5%的接头长度计算。

(2)木构件。

1)木柱、木梁按设计图示尺寸以体积计算。

2)木楼梯按设计图示尺寸以水平投影面积计算。不扣除宽度≤300 mm 的楼梯井、深入墙内部分不计算。

3)木地楞按设计图示尺寸以体积计算。定额内已包括平撑、剪力撑、沿油木的用量,不再另行计算。

(3)屋面木基层。

1)屋面椽子、屋面板、挂瓦条、竹帘子工程量按设计图示尺寸以屋面斜面积计算,不扣除屋面烟囱、风帽底座、风道、小气窗及斜沟等所占面积。小气窗的出檐部分也不增加面积。

2)封檐板工程量按设计图示檐口外围长度计算。搏风板按斜长度计算,每个大刀头增加长度0.5 m。

8.3 任务实施

(1)本书案例工程内无金属大构件,所涉及的金属装饰构件在装饰工程量计算内容中详细说明。

(2)本书案例工程内无木结构,且木结构在我国现有建筑工程中不常见,因此本书内不多加阐述。

8.4 任务小结

8.4.1 计算金属结构与木结构工程量应注意的问题

(1)注意金属构件代表符号的表示方法。
(2)注意木结构不同构件的工程量计算规则。

8.4.2 计算说明

金属结构与木结构结构形式繁多,工程量计算规则比较零散,不易找出规律,计算时易出错、易落项,计算时需谨慎。

8.4.3 课后任务

(1)完成金属结构与木结构工程量计算。
(2)在课程平台上完成本次课学习总结。
(3)在课程平台上预习金属结构与木结构工程相关内容。

任务 9

屋面及防水工程量计算

学习目标

1. 掌握屋面的施工做法及工程量计算规则。
2. 掌握防水施工做法及工程量计算规则。
3. 了解与屋面工程有关的概念及说明。
4. 能根据施工图纸及规则准确计算屋面及各部位防水工程量。

9.1 任务描述

9.1.1 任务引入

屋面及防水工程是施工较为复杂,也非常重要的一个部位,同时,也是容易产生纠纷的一个部位,因此计算时需多加注意,确定各种使用材料后再进行计算。

屋面及防水工程包括屋面工程、防水工程及变形缝三部分。屋面工程包括瓦屋面、屋面防水、屋面排水;防水工程适用于基础、墙身、楼地面、构筑物的防水、防潮工程;变形缝包括填缝和盖缝工程。

9.1.2 任务要求

各组根据图纸及计算规则计算本工程屋面及防水工程量。

9.2 计算规则与解析

9.2.1 工程量计算前应确定的问题

1. 定额说明

瓦屋面、金属屋面、采光板屋面、玻璃采光顶、卷材防水、水落管、水口、水斗、沥青砂浆填缝、变形缝盖板、止水带等项目是按标准或常用材料编制,设计与定额不同时,材料可以换算,人工、机械不变;屋面保温等项目执行定额"保温、隔热、防腐工程"相应项目。

2. 屋面工程

(1)黏土瓦若穿钢丝钉圆钉,每 100 m² 增加 11 工日,增加镀锌低碳钢丝(22°)3.5 kg、圆钉 2.5 kg;若用挂瓦条,每 100 m² 增加 4 工日,增加挂瓦条(尺寸 25 mm、30 mm)300.3 m、圆钉 2.5 kg。

(2)金属板屋面中一般金属板屋面,执行彩钢板和彩钢夹芯板项目;装配式单层金属压型板屋面区分檩距不同,执行定额项目。

(3)采光板屋面如设计为滑动式采光顶,可以按设计增加 U 形滑动盖帽等部件,调整材料、人工乘以系数 1.05。

(4)膜结构屋面的钢支柱、锚固支座混凝土基础等执行其他章节相应项目。

(5)25%<坡度≤45%及人字形、锯齿形、弧形等不规则瓦屋面,人工乘以系数 1.3;坡度>45%的,人工乘以系数 1.43。

3. 防水工程及其他

(1)防水。

1)细石混凝土防水层,使用钢筋网时,执行定额"第五章混凝土及钢筋混凝土工程"相应项目。

2)平(屋)面以坡度≤15%为准,15%<坡度≤25%的,按相应项目的人工乘以系数 1.18;25%<坡度≤45%及人字形、锯齿形、弧形等不规则屋面或平面,人工乘以系数 1.3;坡度>45%的,人工乘以系数 1.43。

3)防水卷材、防水涂料及防水砂浆,定额以平面和立面列项,实际施工桩头、地沟、零星部位时,人工乘以系数 1.43;单个房间楼地面面积≤8 m² 时,人工乘以系数 1.3。

4)卷材防水附加层套用卷材防水相应项目,人工乘以系数 1.43。

5)立面是以直行为依据编制的,弧形者,相应项目的人工乘以系数 1.18。

6)冷粘法以满铺为依据编制的,点、条铺粘者按其相应项目的人工乘以系数 0.91,胶粘剂乘以系数 0.7。

(2)屋面排水。

1)水落管、水口、水斗均按材料成品、现场安装考虑。

2)铁皮屋面及铁皮排水项目内已包括铁皮咬口和搭接的工料。

3)采用不锈钢水落管排水时,执行镀锌钢管定额项目,材料按实换算,人工乘以系数1.1。

(3)变形缝与止水带。

1)变形缝填缝定额项目中,建筑油膏、聚氯乙烯胶泥设计断面取定为 30 mm×20 mm;油浸木丝板取定为 150 mm×25 mm;其他填料取定为 150 mm×30 mm。

2)变形缝盖缝,木板盖板断面取定为 200 mm×25 mm;铝合金盖板厚度取定为 1 mm;不锈钢板厚度取定为 1 mm。

3)钢板(紫铜板)止水带展开宽度为 400 mm,氯丁橡胶宽度为 300 mm。涂刷式氯丁胶玻璃纤维止水片宽度为 350 mm。

9.2.2 计算规则与解析

1. 屋面工程

按照屋面的防水做法不同分为卷材防水屋面、刚性防水屋面、涂料防水屋面等。其结构层以上主要由找坡层、保温隔热层、找平层、防水层等构成。其中,又以找坡层和防水层为最基本的功能层,其他层可根据不同地区的要求设置。

(1)各种屋面和型材屋面(包括挑檐部分)均按设计图示尺寸以面积计算[斜屋面按水平投影面积乘以屋面坡度系数(表 9-1)计算],不扣除放上烟囱、风帽底座、风道、小气窗、斜沟和脊瓦等所占面积,小气窗的出檐部分也不增加。

1)坡屋面。坡屋面、金属型板屋面工程量,均按图示尺寸的水平投影面积乘以坡屋面延尺系数以 m² 计算,不扣除放上烟囱、风道、屋面小气窗和斜沟等所占面积,但屋面小气窗的出檐与屋面重叠部分的面积也不增加;天窗出檐与屋面重叠部分的面积,应并入屋面工程量计算。其计算公式为

$$F = F_t \times C + F_z$$

式中 F——坡屋面面积(m²);

F_t——坡屋面的投影面积(m²);

F_z——屋面增加的其他面积(m²)。

表 9-1 屋面坡度系数表

坡度高 $B(A=1)$	高跨比 $B/2A$	坡度角度 (α)	延尺系数 ($A=1$)	隅延尺系数 ($A=1$)
1.0	1/2	45°	1.414 2	1.732 1
0.75	—	36°52′	1.25	1.600 8
0.70	—	35°	1.220 7	1.577 9

续表

坡度高 $B(A=1)$	高跨比 $B/2A$	坡度角度 (α)	延尺系数 ($A=1$)	隅延尺系数 ($A=1$)
0.666	1/3	33°40′	1.201 5	1.562 0
0.65	—	33°01′	1.192 6	1.556 4
0.60	—	30°58′	1.166 2	1.536 2
0.577	—	30°	1.154 7	1.527 0
0.55	—	28°49′	1.141 3	1.517 0
0.50	1/4	26°34′	1.118	1.500 0
0.45	—	24°14′	1.096 6	1.483 9
0.40	1/5	21°48′	1.077	1.469 7
0.35	—	19°17′	1.059 5	1.456 9
0.30	—	16°42′	1.044	1.445 7
0.25	1/8	14°02′	1.030 8	1.436 2
0.20	1/10	11°19′	1.019 8	1.428 3
0.15	—	8°32′	1.011 2	1.422 1
0.125	—	7°8′	1.007 8	1.419 1
0.10	1/20	5°42′	1.005 0	1.417 7
0.083	1/24	4°45′	1.003 5	1.416 6
0.066	1/30	3°49′	1.002 2	1.415 7

注：(1)B 为坡度的高，A 为跨度的 1/2；
(2)两坡排水屋面面积为水平投影面积乘以延尺系数 C；
(3)四坡排水屋面斜脊长度＝$A \times D$ 隅延尺系数（马尾架）；
(4)沿山墙泛水长度＝$A \times C$。

2)平屋面。

①找坡层、保温层。屋面找坡层、保温层按图示水平投影面积乘以平均厚度，以 m³ 为单位计算（图9-1）。

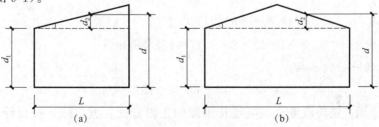

图 9-1 屋面找坡层
(a)单坡；(b)双坡

单坡屋面平均厚度： $d=d_1+d_2=d_1+(i×L)/2$

公式说明：令 $\tan α=i$，则 $d_2=\tan α×L/2=i×L/2$。

双坡屋面平均厚度：$d=d_1+(i×L)/4$

式中 i——坡度系数；

$α$——屋面倾斜角。

②找平层。屋面找平层按水平投影面积以 m^2 为单位计算，套用楼地面工程中的相应定额。天沟、檐沟按图示尺寸展开面积以 m^2 为单位计算，套用天沟、檐沟的相应定额。

【例 9-1】 某屋面尺寸如图 9-2 所示，檐沟宽为 600 mm，其自下而上的做法是：钢筋混凝土板上干铺炉碴混凝土找坡，坡度系数为 2%，最低处 70 mm；100 mm 厚加气混凝土保温层，20 mm 厚 1:2 水泥砂浆找平层，屋面及檐沟为二毡三油一砂防水层，分别求其工程量。

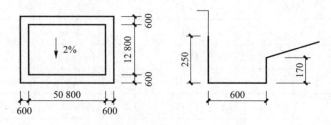

图 9-2 屋面平面投影图及节点详图

【解】

①干铺炉渣混凝土找坡：

$$F=50.8×12.8=650.24(m^2)$$
$$d=d_1+i×L/2=0.07+0.02×12.8/2=0.198(m)$$
$$V=650.24×0.198=128.75(m^3)$$

②100 厚加气混凝土保护层：$V=650.24×0.1=65.02(m^3)$

③20 厚 1:2 水泥砂浆找平层。

砂浆抹至防水卷材同一高度以便铺毡。

屋面部分：

$$S_1=50.8×12.8=650.24(m^2)$$

檐沟部分：

$S_2=[50.8×0.6×2+(12.8+0.6×2)×0.6×2]+[(12.8+1.2)×2+(50.8+1.2)×$
$\qquad 2]×0.25+(50.8+12.8)×2×0.17=132.38(m^2)$

④二毡三油一砂防水层：

$$S_3=650.24+132.38=782.62(m^2)$$

(2)西班牙瓦、瓷质波形瓦、英红瓦屋面的正斜脊瓦、檐口线，按设计图示尺寸以长度计算。

(3)采光板屋面和玻璃采光顶屋面按设计图示尺寸以面积计算;不扣除≤0.3 m² 孔洞所占面积。

(4)膜结构屋面按设计图示尺寸以需要覆盖的水平投影面积计算。

2. 防水工程及其他

(1)防水。

1)屋面防水,按设计图示尺寸以面积计算(斜屋面按斜面积计算),不扣除房上烟囱、风帽底座、风道、屋面小气窗等所占面积,上翻部分也不另行计算;屋面的女儿墙、伸缩缝和天窗的弯起部分,按 500 mm 计算,计入立面工程量。

2)楼地面防水、防潮层按设计图示尺寸以主墙间净面积计算,扣除凸出地面的构筑物、设备基础等所占面积,不扣除间壁墙及单个面积≤0.3 m² 柱、垛、烟囱和孔洞所占面积,平面与立面交接处,上翻高度≤300 mm 时,按展开面积并入平面工程量内计算,高度＞300 mm 时,按立面防水层计算。

3)墙基防水、防潮层,外墙按外墙中心线长度、内墙按墙体净长线乘以宽度,以面积计算。

4)墙的立面防水、防潮层,无论内墙、外墙,均按设计图示尺寸以面积计算。

5)基础底板的防水、防潮层按设计图示尺寸以面积计算,不扣除桩头所占面积。桩头处外包防水按桩头投影外扩 300 mm 以面积计算,地沟处防水按展开面积计算,均计入平面工程量,执行相应定额。

6)屋面、楼地面及墙面、基础底板等,其防水搭接、拼缝、压边、留槎用量已综合考虑,不另行计算,卷材防水附加层按设计铺贴尺寸以面积计算。

7)屋面分隔缝,按设计图示尺寸,以长度计算。

(2)屋面排水。

1)水落管、镀锌薄钢板天沟、檐沟按设计图图示尺寸,以长度计算。

2)水斗、下水口、雨水口、弯头、短管等均以设计数量计算。

3)种植屋面排水按设计尺寸以铺设排水层面积计算;不扣除房上烟囱、风帽底座、风道小气窗、斜沟和脊瓦等所占面积,以及面积≤0.3 m² 的孔洞所占面积,屋面小气窗的出檐部分也不增加。

(3)变形缝与止水带。变形缝(嵌填缝与盖板)与止水带按设计图示尺寸,以长度计算。

3. 卷材防水、排水具体做法

卷材主要有四大类:一是橡胶系列防水卷材,主要品种有三元乙丙橡胶卷材、聚氨酯橡胶卷材、丁基橡胶卷材等;二是塑料系列防水卷材,主要品种有聚氯乙烯;三是橡塑共混型防水卷材,主要品种有氯化聚乙烯-橡胶共混卷材、聚氯乙烯-橡胶共混卷材等;四是高聚物改性沥青防水卷材,主要品种有 SBS、APP、APAO、APO 等(图 9-3)。

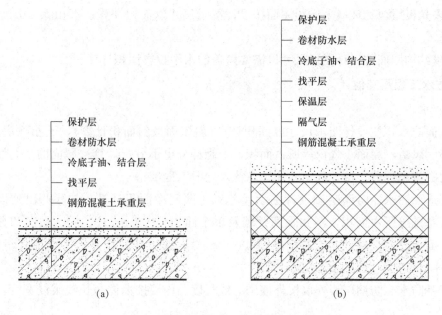

图 9-3 卷材防水屋面构造层次示意图

(a)不保温卷材屋面；(b)保温卷材屋面

卷材屋面节点部位的施工十分重要，天沟、檐沟、檐口、水落口、泛水、变形缝的防水构造，必须符合设计要求。天沟、檐沟、檐口、泛水和立面卷材收头的端部应裁齐，塞入预留凹槽内，用金属压条，钉压固定，最大钉距不应大于 900 mm，并用密封材料嵌填封严，凹槽距离屋面找平层不小于 250 mm，凹槽上部墙体应做防水处理。

(1)天沟。天沟、檐沟与屋面交接处的附加层卷材宜空铺，空铺宽度为 200 mm，如图 9-4 所示。

(2)无组织排水檐口。无组织排水檐口 800 mm 范围内的卷材应采用满贴法，卷材收头应固定密封，如图 9-5 所示。

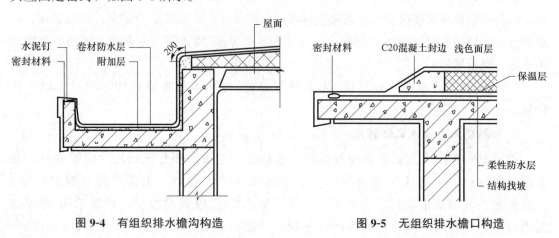

图 9-4 有组织排水檐沟构造　　　　图 9-5 无组织排水檐口构造

(3)女儿墙泛水。

1)墙体为砖墙做法，如图9-6所示，卷材可直接铺至女儿墙压顶下，用压条钉压固定，并用密封材料封闭严格，压顶应做防水处理。

2)砖墙女儿墙高度大于600 mm时，做法如图9-7所示，可将卷材压入砖墙凹槽内固定密封，凹槽距离屋面找平层高度应大于250 mm，凹槽上部的墙体应做防水处理。

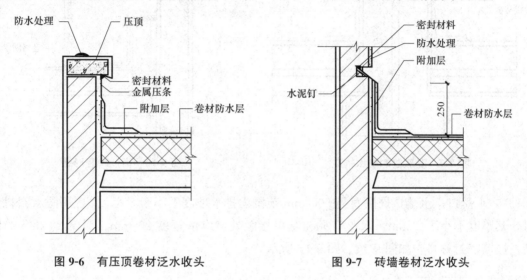

图9-6 有压顶卷材泛水收头　　　图9-7 砖墙卷材泛水收头

3)墙体为混凝土时，做法如图9-8所示，卷材的收头可采用金属压条钉压，并使用密封材料封严。

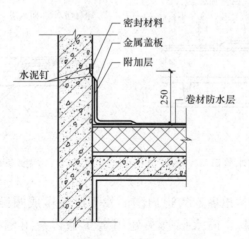

图9-8 混凝土墙卷材泛水收头

(4)变形缝。变形缝内宜填充泡沫塑料，并用卷材封盖，顶部加扣混凝土盖板或金属盖板，如图9-9、图9-10所示。

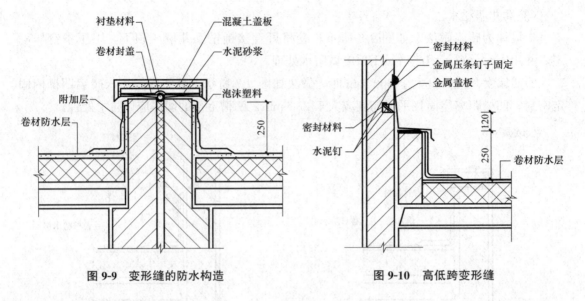

图 9-9 变形缝的防水构造　　　　图 9-10 高低跨变形缝

(5)水落口。水落口周围直径500 mm范围内排水坡度不小于5%，并应用防水涂料密封，其厚度不小于2 mm。水落口杯与基层接触处，应留宽度20 mm、深度20 mm的凹槽。嵌填密封材料，如图9-11、图9-12所示。

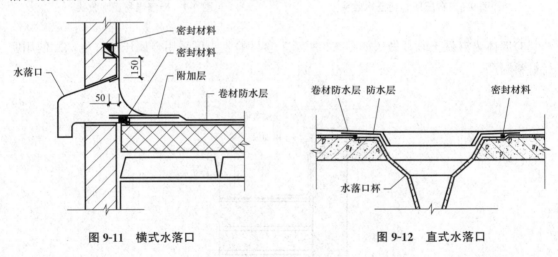

图 9-11 横式水落口　　　　　　图 9-12 直式水落口

(6)伸出屋面管道。伸出屋面管道周围的找平层应做成圆锥台，管道与找平层间应留凹槽，并嵌填密封材料。防水层收头处用金属箍，并用密封材料封严，如图9-13所示。

(7)屋面出入口。屋面垂直出入口防水层收头，应压在混凝土压顶圈下，如图9-14(a)所示；水平出入口防水层收头，应压在混凝土踏步下，防水层的泛水应设置护墙，如图9-14(b)所示。

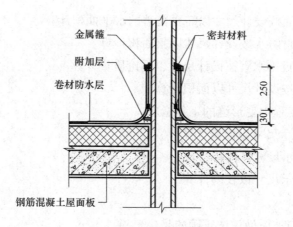

图 9-13 伸出屋面管道

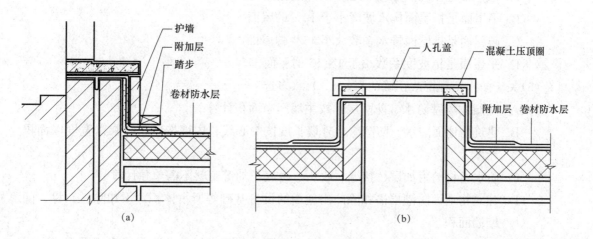

图 9-14 屋面出入口
(a)屋面垂直出入口；(b)屋面水平出入口

9.3 任务实施

9.3.1 计算准备

熟悉施工图纸，并结合计算规则回答以下问题：

(1)关于屋面卷材防水工程量计算正确的是(　　)。

　　A. 平屋顶按水平投影面积计算

　　B. 平屋顶找坡按斜面积计算

　　C. 扣除房上烟囱、风道所占面积

　　D. 女儿墙、伸缩缝的弯起部分不另增加

(2)屋面及防水工程量计算中，下列正确的工程量计算规则有(　　)。(多选)

　　A. 瓦屋面、型材屋面按设计图示尺寸以水平投影面积计算

B. 膜结构屋面按设计尺寸以需要覆盖的水平面积计算

C. 斜屋面卷材防水按设计尺寸以斜面积计算

D. 屋面薄钢板排水管按设计尺寸以理论质量计算

E. 屋面天沟按设计尺寸以面积计算

(3)屋面及防水工程中变形缝的工程量应( )。

A. 按设计图示尺寸以面积计算

B. 按设计图示尺寸以体积计算

C. 按设计图示尺寸以长度计算

D. 不计算

(4)关于平屋面与坡屋面说法正确的是( )。

A. 坡屋面是指坡度系数大于1：15的屋面

B. 平屋面是指屋面排水坡度小于10%的屋面

C. 破屋面是指屋面排水系数大于15%的屋面

D. 平屋面是指坡度系数小于1：15的屋面

(5)关于防水工程说法正确的有( )。(多选)

A. 建筑物墙基防水、防潮层，按主墙间净面积计算

B. 建筑物地面防水、防潮层，外墙长度按中心线、内墙按净长线乘以宽度以面积计算

C. 防水卷材的附加层、接缝、收头、冷底子油等工料不需单独计算

D. 建筑物地面防潮层需扣除凸出地面的设备基础等所占体积，不扣除柱、垛、间壁墙面积

E. 地下室防水层，按实铺面积计算，平面与立面交界处的防水层算至平面或立面防水，要看其上卷高度是多少

(6)关于卷材屋面说法正确的有( )。(多选)

A. 卷材屋面(不用区分平屋面还是坡屋面)按图示尺寸的水平投影面积乘以规定的坡度系数计算

B. 当图纸无规定时，伸缩缝、女儿墙的弯起部分可按0.25 m计算，天窗弯起部分按0.5 m计算；图纸有规定时，按图示尺寸计算

C. 卷材屋面的附加层、接缝、收头、找平层的嵌缝、冷底子油需单独计算后套定额取费

D. 卷材屋面计算时不扣除房上烟囱、风道、屋面小气窗和斜沟所占面积

E. 屋面女儿墙按图示尺寸以面积计算并入屋面工程量。

(7)本工程屋面结构形式是_____。

(8)本工程屋面构造节点有_____。

9.3.2 工程量计算

(1)屋面工程具体做法详见附录图纸(建施01-2)。
(2)计算前确定的数据。
1)屋面部分：
①30厚挤塑聚苯板；
②1:6水泥焦碴找坡，最薄处30厚；
③20厚1:3水泥砂浆找平；
④1.5厚防水涂料；
⑤3厚SBS高聚物改性沥青防水卷材。
2)檐沟部分：
①泡沫混凝土找坡兼保温，坡度1%，最薄处30厚；
②1.5厚高聚物改性沥青防水涂膜；
③3厚SBS高聚物改性沥青防水卷材(带保护层)。
(3)根据图纸计算工程量，见表9-2。

表 9-2　工程量计算

定额编号	项目名称	计算式	单位	工程量
	屋面部分			
	屋面面积	$S=29.04\times16.04-(5.7+7.8+3.9)\times0.62-(29.04-1.1)\times(0.8+0.12)-(7.8+0.8)\times1.1-1.2\times7.2$	m^2	411.208 8
	保温层	$V=411.208\,8\times0.03$	m^3	12.336
	找坡层	四层屋顶： 　$d=0.03+0.02\times(16.04-0.8)/4=0.106\,2(m)$ 　$V=(411.208\,8-50.889\,6)\times0.106\,2=38.266(m^3)$ 五层屋顶： 　$d=0.03+0.02\times(7.2+0.12\times2)/2=0.104\,4(m)$ 　$V=50.889\,8\times0.104\,4=5.313(m^3)$	m^3	43.789 6
A8-0 027	卷材防水（平面）	$S=29.04\times16.04-(5.7+7.8+3.9)\times0.62-(29.04-1.1)\times(0.8+0.12)-(7.8+0.8)\times1.1-1.2\times7.2$	m^2	411.208 8
A8-0028	卷材防水（立面）	$S=(29.04-1.1)\times(0.8+0.12)+(29.04-1.1)\times0.35\times2+0.8\times0.35\times2+(5.7+7.8+3.9)\times0.62+(5.7+7.8+3.9)\times0.35\times2$	m^3	68.790 8

(4)软件算量验证，如图9-15所示。

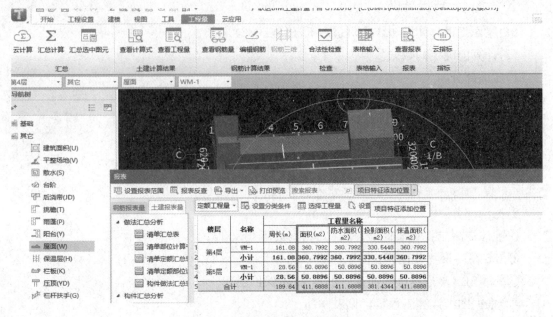

图9-15 屋面面积软件算量验证

9.4 任务小结

9.4.1 计算屋面防水工程量应注意的问题

(1)注意屋面的各层做法。
(2)注意檐沟部位的具体做法及防水面积计算。
(3)注意屋面坡度对防水工程量计算的影响。

9.4.2 计算说明

屋面各部位做法多、结构形式复杂，工程量计算易出错、易落项，计算时需谨慎。

9.4.3 课后任务

(1)完成整楼屋面防水工程量计算。
(2)在课程平台上完成本次课学习总结。
(3)在课程平台上预习防腐、保温隔热工程相关内容。

任务 10 防腐、保温隔热工程量计算

学习目标

1. 掌握防腐工程量计算规则。
2. 掌握保温隔热工程量计算规则。
3. 了解防腐、保温隔热工程的一般做法。
4. 能根据施工图纸及规则准确计算防腐、保温隔热工程量。

10.1 任务描述

10.1.1 任务引入

为了防止建筑物内部温度受外界温度的影响,使建筑物内部维持一定的温度而增加的材料层称为保温隔热层。

在生产过程中,酸、碱、盐及有机溶剂等介质的作用,使各类建筑材料产生不同程度的物理和化学破坏的现象称为腐蚀。这种介质包括液体(如各种酸性溶液、碱性溶液、电解液等液体)及吸湿潮解的固体(如硫酸铵、硝酸铵、氯化钠等固体)、酸雾(如硫酸雾、醋酸雾等)、粉尘(如硫酸钠、氯化钠、氢氧化钠、尿素等)、气体(如氯、氧化氯、二氧化硫、氟化氢)。在化工、医药、化纤、制盐、机械、有色冶金、印染、日工化工、食品加工、造纸行业的有关泵房、厂房、车间、仓库、贮槽、吸收改化反应等部位都存在腐蚀问题。设计上根据其介质及危害情况,采取相应的防腐措施。

10.1.2 任务要求

各组根据图纸及计算规则计算本工程各部位防腐、保温隔热工程。

10.2 计算规则与解析

10.2.1 工程量计算前应确定的问题

1. 保温隔热工程

(1)保温层的保温材料配合比、材质、厚度与设计不同时,可以换算。

(2)弧形墙墙面保温隔热层,按相应项目的人工乘以系数1.1计算。

(3)柱面保温根据墙面保温定额项目人工乘以系数1.19、材料乘以系数1.04。

(4)墙面岩棉板保温、聚苯乙烯保温及保温装饰一体板保温如使用钢骨架,钢骨架按装饰工程计价定额"第二章墙、柱面装饰与隔断、幕墙工程"相应项目执行。

(5)抗裂保护层工程如采用塑料膨胀螺栓固定时,每 1 m² 增加:人工 0.03 工日、塑料膨胀螺栓 6.12 套。

(6)保温隔热材料应根据设计规范,必须达到国家规定要求的等级标准。

2. 防腐工程

(1)各种胶泥、砂浆、混凝土配合比及各种整体面层的厚度,如设计与定额不同,可以换算。定额已综合考虑了各种块料面层的结合层、胶结料厚度及灰缝宽度。

(2)花岗石面层以六面剁斧的块料为准,结合层厚度为 15 mm,如板底为毛面,其结合层胶结料用量按设计厚度调整。

(3)整体面层踢脚板按整体面层相应项目执行,块料面层踢脚板按立面砌块相应项目人工乘以系数1.2计算。

(4)环氧自流平洁净地面中间层(刮腻子)按每层 1 mm 厚度考虑,如设计要求厚度不同,可以按厚度调整。

(5)卷材防腐接缝、附加层、收头工料已包括在定额内,不再另行计算。

(6)块料防腐中面层材料的规格、材料与设计不同时,可以换算。

10.2.2 计算规则与解析

1. 保温隔热工程

(1)屋面。屋面保温层是为了满足对屋面保温隔热性能的要求,在屋面铺设的一定厚度的密度轻、导热系数较小的材料(图10-1、图10-2)。平屋面的保温层有时设计要求兼找坡作用。目前工程中常用的保温层有以下3类:

1)以炉渣、膨胀蛭石、珍珠岩等松散材料为骨料,以水泥、石灰为胶结材料,按一定比例搅拌配制而成,铺设于屋面。

2)以膨胀蛭石、珍珠岩等松散材料,干铺于屋面。

3)采用板状的保温材料,如加气混凝土块(图10-3)、水泥蛭石块等砌(粘)铺于屋面。

图 10-1　软木板

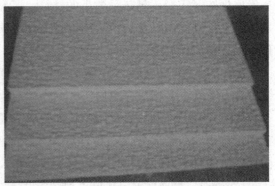

图 10-2　膨胀珍珠岩板

图 10-3　加气混凝土块

屋面保温隔热层工程量按设计图示尺寸以面积计算。扣除＞0.3 m² 孔洞所占面积。其他项目按设计图示尺寸以定额项目规定的计量单位计算。屋面保温层内的排气管按实际施工的长度计算工程量（图 10-4）。

（2）天棚。保温隔热天棚是为了满足对房屋保温隔热性能的要求，在天棚做的

图 10-4　屋面保温层中设排气管

一定厚度的容重轻、导热系数小的材料。保温隔热天棚，按施工方法，可分为以下3类：

1) 将松散保温隔热袋装后铺设在天棚吊顶上面，或将保温隔热板材直接铺设在天棚吊顶上面，构成保温层。

2) 先对混凝土天棚面用热沥青做防潮处理，然后铺钉木龙骨架，最后将保温隔热板材铺钉在木龙骨上，构成保温层。

3) 直接将保温隔热板材用胶粘剂粘贴于混凝土天棚面，构成保温层天棚。保温隔热层工程量按设计图示尺寸以面积计算。扣除面积＞0.3 m² 的柱、垛、孔洞所占面积，与天棚相连接的梁按展开面积计算，其工程量并入天棚。

(3) 墙面。墙面保温隔热层工程量按设计图示尺寸以面积计算。扣除门窗洞口及面积＞0.3 m² 的梁、孔洞所占面积；门窗洞口侧壁及与墙相连的柱，并入保温墙体工程量。墙体积混凝土板下铺贴隔热层不扣除木框架及木龙骨的体积。其中，外墙保温基层砂浆找平层、中间保温隔热层、外侧网格布保护层均按保温隔热材料中心线长度计算，内墙按隔热层净长度计算。

【例 10-1】 某建筑工程示意如图 10-5 所示，该工程外墙保温做法：清理基层；刷界面砂浆 5 mm；刷 30 mm 厚胶粉聚苯颗粒；门窗边做保温宽度为 120 mm。计算其工程量。

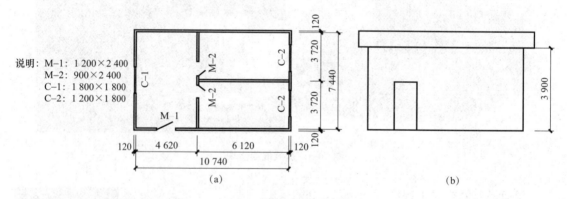

图 10-5 某建筑工程示意
(a)平面图；(b)立面图

【解】

墙面保温面积 = [(10.74+0.24+0.03)+(7.44+0.24+0.03)]×2×3.90−(1.2×2.4+1.8×1.8+1.2×1.8×2) = 135.58(m²)

门窗侧边保温面积 = [(1.8+1.8)×2+(1.2+1.8)×4+(2.4×2+1.2)]×0.12
= 3.02(m²)

外墙保温总面积 = 135.58+3.02 = 138.60(m²)

(4) 柱、梁。柱、梁保温隔热层工程量按设计图示尺寸以面积计算。柱按设计图示柱断面保温层中心线展开长度乘以高度以面积计算，扣除＞0.3 m² 的梁所占面积。梁按设计图示梁断面保温层中心线展开长度乘以保温层长度以面积计算。

(5)楼地面。楼地面保温隔热层工程量按设计图示尺寸以面积计算,扣除柱、垛及单个>0.3 m² 孔洞所占面积。

(6)其他保温隔热层工程量按设计图示尺寸以展开面积计算。扣除面积>0.3 m² 孔洞及占位面积。

(7)大于 0.3 m² 孔洞侧壁周围及梁头、连系梁等其他零星工程保温隔热工程量,并入墙面的保温隔热工程量。柱帽保温隔热层,并入天棚保温隔热层工程量。

(8)保温层排气管按设计图示尺寸以长度计算,不扣除管件所占长度,保温层排气孔以数量计算。

(9)防火隔离带工程量按设计图示尺寸以面积计算。

2. 防腐工程

(1)防腐工程种类。建筑工程常见的防腐工程种类如下:

1)水玻璃类防腐工程。水玻璃类防腐工程所用的材料包括水玻璃胶泥、水玻璃砂浆和水玻璃混凝土。材料是以水玻璃为胶粘剂,氟硅酸钠为固化剂,加一定级配的耐酸粉料和粗细骨料配制而成的(水玻璃胶泥中不加细骨料,水玻璃砂浆不加粗骨料)。其特点是耐酸性好,机械强度高,但抗渗和耐水性较差,施工较为复杂。

耐酸粉料常采用石英粉、铸石粉、安山岩粉、辉绿岩粉等;耐酸细骨料常采用石英砂;耐酸粗骨料常采用石英石、花岗石等。

水玻璃胶泥和水玻璃砂浆(图 10-6)常用于铺砌各种耐酸砖板、块材和结构表面的整体涂抹面层;水玻璃混凝土常用于灌注地面整体面层、设备基础及池槽槽体等防腐工程。

图 10-6 水玻璃耐酸砂浆

2)沥青类防腐工程。沥青类防腐工程所用的材料包括沥青胶泥、沥青砂浆、沥青混凝土、碎石灌沥青、沥青浸渍砖、沥青卷材等。这类材料的特点是整体无缝,有弹性,施工简便，冷却后即可使用，不需要养护，能耐低浓度的无机酸、碱和盐类的腐蚀，但耐候性差，易老化和变形，强度低，色泽不美观。

沥青胶泥常用于铺贴油毡隔离层或涂覆隔离层、铺砌块料面层；沥青砂浆多用于铺筑整体面层或垫层、石材；沥青混凝土多用于地坪垫层或面层；碎石灌沥青多用于基础或地坪垫层；沥青浸渍砖常用于衬砌槽、池、沟及地坪、基础保护层；沥青卷材则用于防腐隔离层。

3）硫磺类防腐蚀工程。硫磺类防腐工程所用的材料包括硫磺胶泥、硫磺砂浆、硫磺混凝土。硫磺胶泥和硫磺砂浆是以硫磺为胶粘剂，聚硫橡胶为增韧剂，加入一定数量的耐酸粉料、细骨料（硫磺泥不加细骨料），经加热熬制而成的；硫磺混凝土是将刚熬好的硫磺胶泥或砂浆灌注于耐酸粗骨料中制成的。这类材料的特点是结构密实、抗渗、耐水、耐稀酸性能好、硬块化、强度高、施工方便、不需养护，但收缩性大、耐火性差、性较脆、与块料粘结力较差，不耐浓硝酸和强碱。

硫磺胶泥常用于铺砌块料面层；硫磺砂浆常用于地坪面层；硫磺混凝土常用于灌注整体地坪面层、设备基础、池槽槽体。

4）树脂类防腐蚀工程。树脂类防腐工程所加的材料包括树脂胶泥、树脂砂浆和玻璃。树脂胶泥和树脂砂浆是以合成树脂为胶结料，加入固化剂、增韧剂、稀释剂填料和细骨料配制而成的（树脂胶泥不加细骨料）。玻璃钢是以树脂胶料与增强材料（如玻璃纤维、玻璃布等）复合塑制而成的。其特点是耐腐蚀性、抗水性、绝缘性好，强度高，附着力强，但抗冲击韧性较差、成本高。

常用的树脂有环氧树脂、酚醛树脂、呋喃树脂、聚酯树脂四大类。这些树脂除单独使用外，还可以混合使用。混合树脂称为改性树脂，常用的有环氧酚醛、环氧呋喃、环氧煤焦油、环氧聚酯等。

树脂砂浆主要用于整体面层，主要有环氧砂浆（图10-7）、环氧煤焦油砂浆、环氧呋喃树脂砂浆、黄酚A型不饱和聚酯砂浆、邻苯型不饱和聚酯砂浆。

图10-7 环氧砂浆

树脂胶泥面层主要有邻苯型树脂稀胶泥、环氧稀胶泥。

玻璃钢面层主要有环氧玻璃钢、环氧酚醛玻璃钢、酚醛玻璃钢、环氧煤焦油玻璃钢、环氧呋喃玻璃钢等。

块料面层树脂胶泥铺砌或勾缝主要有酚醛树脂胶泥、环氧呋喃树脂胶泥、环氧煤焦油树脂胶泥、环氧树脂胶泥、环氧酚醛树脂胶泥。

5)块料类防腐蚀工程。块料类防腐工程是以防腐胶泥或砂浆为胶结材料，铺砌各种耐腐材料。这类材料有一定的耐腐蚀性，来源广、施工简单，但整体性较差，接缝易出现质量问题，使用维护不当时易渗漏。在建筑工程中常用作地面、墙面、沟槽、基础的防腐面层或衬里。

耐腐蚀块料包括耐酸瓷砖、瓷板、铸石板和天然石材等(图10-8)。其中，铸石板是用天然岩石(如辉绿岩、玄武岩等)或工业废料(如冶金废渣、化工废渣、煤矸石等)为原料加入一定的附加剂、结晶剂，经熔化、浇铸、结晶、退火等工序制成的非金属耐腐蚀材料。天然石材主要有花岗石、石英石、辉绿岩、玄武岩等。

图10-8 防腐块料

混凝土或水泥砂浆基层上如采用酚醛、呋喃树脂或玻璃类防腐材料做结合层时，基层表面应做隔离层(如油毡隔离层、环氧树脂胶泥隔离层、沥青胶泥隔离层软聚氯乙烯板等)。

6)聚氯乙烯塑料(PVC)防腐蚀工程。聚氯乙烯塑料是在聚氯乙烯树脂中加入增塑剂、稳定剂、润滑剂、填料、颜料等加工而成的一种热塑性塑料。在建筑防腐工程中，常使用聚氯乙烯板材制品作设备衬里和地面、墙面的防腐蚀面层。常用的有硬聚氯乙烯板、软聚氯乙烯板(图10-9)两种。

7)涂料类防腐蚀工程。防腐工程所用的涂料是由成膜物质(油脂、树脂)与填料、颜料、增韧剂、有机剂等按一定的比例配制而成的，主要适用于遭受化工大气腐蚀、酸雾腐蚀、腐蚀性液体滴溅等部位。常用的耐腐蚀涂料有过氧乙烯漆、沥青漆、生漆、漆酚树脂、酚醛漆、聚氨酯漆等(图10-10)。

涂料按设计的底漆、中间漆、面涂的涂刷遍数进行涂刷施工。

图 10-9 聚氯乙烯板

图 10-10 防腐涂料

(2)防腐工程量计算规则。

1)防腐工程面层、隔离层及防腐油漆工程量均按设计图示尺寸以面积计算。

2)平面防腐工程量应扣除凸出地面的构筑物、设备基础等及面积>0.3 m² 的孔洞、柱、垛等所占面积,门洞、空圈、暖气包槽、壁龛的开口部分不增加面积。

3)立面防腐工程量应扣除门、窗、洞口及面积>0.3 m² 的孔洞、梁所占面积,门、窗、洞口侧壁、垛凸出部分按展开面积并入墙面。

4)池、槽块料防腐面层工程量按设计图示尺寸以展开面积计算。

5)砌筑沥青浸渍砖工程量按设计图示尺寸以面积计算。

6)踢脚板防腐工程量按设计图示长度乘以高度以面积计算,扣除门洞所占面积,并相应增加侧壁展开面积。

7)混凝土面及抹灰防腐按设计图示尺寸以面积计算。

【例 10-2】 某库房做 1.3∶2.6∶7.4 耐酸沥青砂浆防腐面层,踢脚线抹 1∶0.3∶1.5 钢屑砂浆,厚度均为 20 mm,踢脚线高度为 200 mm,如图 10-11 所示。墙厚均为 240 mm,门洞地面做防腐面层,侧边不做踢脚线。

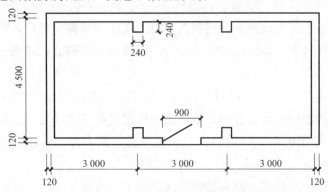
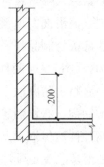

图 10-11 某库房平面布置图

【解】
防腐砂浆面层面积=(10.8-0.24)×(4.8-0.24)=48.15(m²)
砂浆踢脚线=[(10.8-0.24+0.24×4+4.8-0.24)×2-0.90]×0.20=6.25(m²)

10.3 任务实施

10.3.1 计算准备

熟悉施工图纸,并结合计算规则回答以下问题:
(1)计算天棚保温隔热工程量时,与天棚相连接的梁按(　　)计算,其工程量(　　)。
　　A. 展开面积,并入天棚　　　　B. 展开面积,按梁保温单独计算
　　C. 实体积,并入天棚　　　　　D. 实体积,按梁保温单独计算
(2)关于保温隔热,以下说法正确的有(　　)。(多选)
　　A. 计算屋面保温隔热工程量,无须扣除屋面各种孔洞所占面积
　　B. 墙面保温隔热工程量按图示设计尺寸以体积计算,扣除截面面积>0.3 m²的孔洞所占体积
　　C. 墙面保温隔热工程量按设计图示尺寸以面积计算,扣除截面面积>0.3 m²的孔洞所占面积
　　D. 柱保温隔热层工程量按设计图示尺寸柱断面保温层中心线展开长度乘以高度以面积计算,扣除>0.3 m²的梁所占面积
　　E. 梁按设计图示梁断面保温层中心线展开长度乘以保温层长度以面积计算
(3)关于防腐工程,以下说法正确的有(　　)。(多选)
　　A. 防腐工程量均按设计图示尺寸以面积计算
　　B. 平面防腐工程量无须扣除面积>0.3 m²的孔洞所占面积
　　C. 踢脚板防腐工程量按设计图示长度乘以高度以面积计算,扣除门洞所占面积,并相应增加侧壁展开面积
　　D. 立面防腐工程量应扣除门、窗、洞口及面积>0.3 m²的孔洞、梁所占面积,门、窗、洞口侧壁、垛凸出部分按展开面积并入墙面内
　　E. 立面防腐工程量不应扣除门、窗、洞口及面积>0.3 m²的孔洞、梁所占面积,门、窗、洞口侧壁、垛凸出部分按展开面积并入墙面内
(4)柱帽保温隔热层工程,应(　　)。
　　A. 并入柱保温隔热层工程量内计算
　　B. 并入天棚保温隔热层工程量内计算
　　C. 单独计算
　　D. 无须计算

(5)关于保温隔热工程量计算,以下说法正确的有( )。(多选)

A. 外墙保温基层砂浆找平层、中间保温隔热层、外侧网格布保护层均按保温隔热材料中心线长度计算

B. 保温隔热层长度,外墙按隔热层中心线长度计算,内墙按隔热层净长度计算

C. 面积大于 0.3 m² 孔洞侧壁周围及梁头、连系梁等其他零星工程保温隔热工程量,并入墙面的保温隔热工程量内

D. 防火隔离带工程量按设计图示尺寸以体积计算

E. 保温层排气管按设计图示尺寸以长度计算,不扣除管件所占长度,保温层排气孔以数量计算

10.3.2 工程量计算

(1)防腐、保温隔热工程具体做法见图纸建施 01-2。

(2)计算说明。

1)保温隔热工程。屋面:30 厚挤塑聚苯板保温(已计算完毕)。

2)防腐工程做法见表 10-1。

表 10-1 防腐工程做法

地面	楼面	踢脚	墙裙	内墙	外墙	天棚
地面 1:水泥砂浆	楼面 1:防滑彩色釉面砖	踢脚 1:彩色釉面砖	墙裙 1:釉面砖	内墙 1:乳胶漆	外墙 1:高级彩色外墙面砖	天棚 1:乳胶漆天棚
地面 2:彩色釉面砖	楼面 2:防滑地砖防水楼面	踢脚 2:花岗石		内墙 2:釉面砖	外墙 2:文化石外墙贴面	
地面 3:花岗石地面	楼面 3:花岗石	踢脚 3:水泥砂浆			外墙 3:高级外墙涂料墙面	
	楼面 4:水泥砂浆				外墙 4:真石漆	

3)本书以部分内墙 1 防腐工程计算为例,其余部位计算方法按规则类同。

(3)根据图纸计算工程量,见表 10-2。

表 10-2 工程量计算

定额编号	项目名称	计算式	单位	工程量
	防腐工程			
	墙面防腐	一层商铺,⑤:Ⓐ~Ⓒ轴两侧内墙,做法:内墙 1 $S=(3.9-0.12)\times(7.8+7.2-0.12\times2)\times2=111.5856(m^2)$	m²	111.585 6

(4)软件算量验证,如图 10-12 所示。

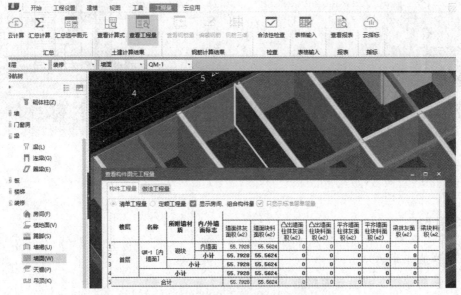

图 10-12　内墙面防腐工程量软件算量验证

10.4　任务小结

10.4.1　计算挖土工程量应注意的问题

(1)注意计算各部位保温隔热、防腐工程量时应扣除和增加的面积。
(2)注意梁、柱等构件展开面积的计算。
(3)注意门窗洞口侧壁面积的计算。
(4)计算外墙保温隔层工程量时,应注意其长度应按保温隔层的中心线计算。
(5)计算梁保温隔热工程量时,应注意其长度应按梁断面保温层中心线展开长度计算。
(6)注意梁、柱、柱帽等构件保温隔热面积应并入的部位。

10.4.2　计算说明

计算防腐、保温隔热工程量主要依据为施工图纸上的工程做法表,该分部工程的计算种类多且杂,切勿丢项落项。

10.4.3　课后任务

(1)完成整楼防腐、保温隔热工程量计算。
(2)在课程平台上完成本次课学习总结。
(3)在课程平台上预习措施项目相关内容。

任务 11

建筑工程措施项目工程量计算

学习目标

1. 了解脚手架的种类。
2. 掌握脚手架工程量计算规则。
3. 掌握垂直运输工程的工程量计算规则。
4. 掌握建筑物超高施工增加的计算规则。
5. 了解大型机械设备进出场及安拆的定额规定。
6. 了解施工排水、降水的定额规定。

11.1 任务描述

11.1.1 任务引入

脚手架是为了高空施工操作，堆放和运送材料而设置的架设工具或操作平台，定额一般规定，砌砖高度在 1.35 m 以上、砌石高度在 1 m 以上时，就可以搭设脚手架。

11.1.2 任务要求

各组根据图纸及计算规则计算本工程脚手架工程量。

11.2 计算规则与解析

11.2.1 工程量计算前应确定的问题

1. 脚手架工程

（1）一般说明。

1）定额脚手架措施项目是指施工需要的脚手架搭、拆、运输及脚手架摊销的工料消耗。

2)定额脚手架措施项目材料均按钢管式脚手架编制。

3)各项脚手架消耗量中未包括脚手架基础加固。基础加固是指脚手架立杆下端以下或脚手架底座下皮以下的一切做法。

4)高度在3.6 m以外墙面装饰不能利用原砌筑脚手架时,可计算装饰脚手架。装饰脚手架执行双排脚手架定额乘以系数0.3。室内凡计算了满堂脚手架,墙面装饰不再计算墙面粉饰脚手架,只按每100 m^2 墙面垂直投影面积增加改架增加综合工日1.28个。

(2)综合脚手架。

1)单层建筑综合脚手架适用于檐高20 m以内的单层建筑工程。

2)凡单层建筑工程执行单层建筑综合脚手架,二层及二层以上的建筑工程执行多层建筑综合脚手架项目,地下室部分执行地下室综合脚手架项目。

3)综合脚手架中包括外墙砌筑及外墙粉饰、3.6 m以内的内墙砌筑与混凝土浇捣用脚手架以及内墙面和天棚粉饰脚手架。

4)执行综合脚手架,有下列情况者,可另执行单项脚手架项目:

①满堂基础或者高度(垫层上皮至基础顶面)在1.2 m以外的混凝土或者钢筋混凝土基础,按满堂脚手架基本层定额乘以系数0.3计算,高度超过3.6 m时,每增减1 m按满堂脚手架增减层定额乘以系数0.3计算。

②砌筑高度在3.6 m以外的砖内墙,按单排脚手架定额乘以系数0.3计算;砌筑高度在3.6 m以外的砌块内墙,按相应双排外脚手架定额乘以系数0.3计算。

③砌筑高度在1.2 m以外的屋顶烟囱的脚手架,按设计图示烟囱外围周长另加3.6 m乘以烟囱出屋顶高度以面积计算,执行里脚手架项目。

④砌筑高度在1.2 m以外的管沟墙及砖基础,按设计图示砌筑长度乘以高度以面积计算,执行里脚手架项目。

⑤墙面粉饰高度在3.6 m以外的执行内墙面粉饰脚手架项目。

⑥按照建筑面积计算规范的有关规定未计入建筑面积,但在施工过程中需要搭设脚手架的施工部位。

5)凡不适宜使用综合脚手架的项目,可按相应的单项脚手架项目执行。

(3)单项脚手架。

1)建筑物外墙脚手架,设计室外地坪至檐口的砌筑高度在15 m以内的按单排脚手架计算;砌筑高度在15 m以外或砌筑高度虽不足15 m,但外墙门窗及装饰面积超过外墙表面积60%时,执行双排脚手架项目。

2)外脚手架消耗量中已综合斜道、上料平台、护卫栏杆等。

3)建筑物内墙脚手架,设计室内地坪至板底(或山墙高度的1/2处)的砌筑高度在3.6 m以内的,执行里脚手架项目。

4)围墙脚手架,室外地坪至围墙顶面的砌筑高度在3.6 m以内的,按里脚手架计算;砌筑高度在3.6 m以外的,执行单排脚手架项目。

5)石砌墙体,砌筑高度在1.2 m以外时,执行双排外脚手架项目。

6)大型设备基础,凡距地坪高度在1.2 m以外的,执行双排外脚手架项目。

7)挑脚手架适用于外墙挑檐等部位的局部装饰。

8)悬空脚手架适用于有露明屋架的屋面板勾缝、油漆或喷浆等部位。

9)整体提升架适用于高层建筑的外墙施工。

10)独立柱、现浇混凝土单(连续)梁执行双排外脚手架定额项目,乘以系数0.3。

(4)其他脚手架。电梯井架每一电梯台数为一孔。

2. 垂直运输工程

(1)垂直运输内容,包括单位工程在合理工期内完成全部工程项目所需要的垂直运输机械台班,不包括机械的场外往返运输、一次安拆及路基铺垫和轨道铺拆等的费用。

(2)檐高3.6 m以内的单层建筑,不计算垂直运输机械台班。

(3)定额层高按3.6 m考虑,超过3.6 m者,应另计层高超高垂直运输增加费,每超过1 m计算一个增加层,其超过部分按相应定额增加10%。

3. 建筑物超高增加费

建筑物超高增加人工、机械定额适用于单层建筑物檐口高度超过20 m,多层建筑物超过6层的项目。

4. 大型机械设备进出场及安拆

(1)大型机械设备进出场及安拆费是指机械整体或分体自停放场地运至施工现场或由一个施工地点运至另一个施工地点,所发生的机械进出场运输和转移费用,以及机械在施工现场进行安装、拆卸所需的人工费、材料费、机械费、试运转费和安装所需的辅助设施的费用。

(2)塔式起重机及施工电梯基础。

1)塔式起重机轨道铺拆以直线形为准,如铺设弧线形,定额乘以系数1.15。

2)固定式基础适用于塔式起重机、施工电梯基础混凝土,不包括模板和钢筋。

3)固定式基础如需打桩时,打桩费用另行计算。

(3)大型机械设备安拆费。

1)机械安拆费是安装、拆卸的一次性费用。

2)机械安拆费中包括机械安装完毕后的试运转费用。

3)柴油打桩机的安拆费中已包括轨道的安拆费用。

4)自生式塔式起重机安拆费按塔高45 m确定,>45 m时且檐高≤200 mm,塔高每增高10 m计算一个增加层,按相应定额增加费用10%。

(4)大型机械进出场费。

1)进出场费中已包括往返一次的费用,其中回程费按单程费的25%考虑。

2)进出场费中已包括了臂杆、铲斗及附件、道木、道轨的运费。

3)机械运输路途中的台班费不另计取。

(5)大型机械设备现场的行驶路线需修整铺设时,其人工修整可按实际计算。

5. 施工排水、降水

(1)轻型井点以 50 根为一套,喷射井点以 30 根为一套,使用时累计根数轻型井点少于 25 根,喷射井点少于 15 根,使用费按相应定额乘以系数 0.7。

(2)井管间距应根据地质条件和施工降水要求,按施工组织设计确定,施工组织设计未考虑时,可按轻型井点管距 1.2 m、喷射井点管距 2.5 m 确定。

(3)直流深井降水或成孔直径不同时,只调整相应的黄砂含量,其余不变;PVC-U 加筋管直径不同时,调整管材价格的同时,按管子周长的比例调整相应的密目网及钢丝。

(4)排水井可分为集水井和大口井两种。集水井定额项目按基坑内设置考虑,井深在 4 m 以内时,按定额计算,如井深超过 4 m,定额按比例调整;大口井按井管直径分两种规格,抽水结束时回填大口井的人工和材料未包括在消耗量内,可按实际发生另行计算。

6. 模板工程

模板工程计算说明已在任务 7 混凝土及钢筋混凝土工程量计算中学习完毕。

11.2.2 计算规则与解析

1. 脚手架工程

(1)脚手架的种类。脚手架的种类很多,常见的分类方法如下:

1)按所用的材料分类:木脚手架、竹脚手架、钢管脚手架(图 11-1);

2)按构造形式分类:多立杆脚手架、门式脚手架、桥式脚手架、悬吊式脚手架、挂式脚手架、挑式脚手架;

3)按搭设形式分类:单排脚手架、双排脚手架;

4)按使用功能分类:外脚手架、里脚手架、满堂脚手架、井字架、斜道;

5)按定额分类:单项脚手架、综合脚手架。

为了简化工程量的计算,许多省份定额中脚手架基价都是以扣件式钢管脚手架为基础编制的,若实际采用其他材料时,应将基价乘以相应的折减系数。

图 11-1 钢管脚手架

(2)脚手架工程量计算规则。

1)综合脚手架。综合脚手架按设计图示尺寸以建筑面积计算。

2)单项脚手架。

①外脚手架、整体提升架按外墙外边线长度(含墙垛及附墙井道)乘以外墙高度以面积计算。

②计算内、外墙脚手架时,均不扣除门、窗、洞口、空圈等所占面积。同一建筑物高度不同时,应按不同高度分别计算。

③里脚手架按墙面垂直投影面积计算。

④独立柱按设计图示尺寸,以结构外围周长另加 3.6 m 乘以高度以面积计算。执行双排外脚手架定额项目乘以系数。

⑤现浇钢筋混凝土梁按梁顶面至地面(或楼面)间的高度乘以梁净长以面积计算。执行双排外脚手架定额项目乘以系数。

⑥满堂脚手架按室内净面积计算,其高度为 3.6~5.2 m 的计算基本层,高度在 5.2 m 以上的,每增加 1.2 m 计算一个增加层。

⑦挑脚手架搭设长度乘以层数以长度计算。

⑧悬空脚手架按搭设水平投影面积计算。

⑨吊篮脚手架按外墙垂直投影面积计算,不扣除门窗洞口所占面积。

⑩内墙面粉饰脚手架按内墙面垂直投影面积计算,不扣除门窗洞口所占面积。

⑪立挂式安全网按架网部分的实挂长度乘以实挂高度以面积计算。

⑫挑出式安全网按挑出的水平投影面积计算。

(3)其他脚手架。电梯井脚手架按单孔以"座"为单位计算。

2. 垂直运输工程

(1)建筑物垂直运输区分不同建筑物结构及檐高,按建筑面积(包括地下室建筑面积)计算。独立地下室执行地下室垂直运输定额项目。

(2)定额按泵送混凝土考虑,如采用非泵送,垂直运输费按以下方法增加:相应项目乘以调增系数10%,再乘以非泵送混凝土数量占全部混凝土数量的百分比。

3. 建筑物超高施工增加

(1)各项定额中包括的内容是指单层建筑物檐口高度超过 20 m,多层建筑物超过 6 层的全部工程项目,但不包括垂直运输、各类构件的水平运输及各项脚手架。

(2)建筑物超高施工增加区分不同建筑物结构及檐高,按建筑物超高部分的建筑面积计算。

4. 大型机械设备进出场及安拆

(1)大型机械设备安拆费按台次计算。

(2)大型机械设备进出场费按台次计算。

5. 施工排水、降水

(1)轻型井点、喷射井点排水的井管安装、拆除以"根"为单位计算,使用"套·天"计算;真空深井、自流深井排水的安装、拆除以"井"为单位,使用"井·天"计算。

(2)使用天数以每昼夜(24 h)为一天,并按施工组织设计要求的使用天数计算。

(3)集水井按设计图示数量以"座"为单位计算,大口井按累计井深以长度计算。

6. 模板工程

模板工程量计算规则已在任务 7 混凝土及钢筋混凝土工程量计算中学习完毕。

11.3 任务实施

11.3.1 计算准备

熟悉施工图纸,并结合计算规则回答以下问题:

(1)按搭设形式,可将脚手架分为_____和_____。

(2)按定额分类,可将脚手架分为_____和_____。

(3)单项脚手架包括_____等。

(4)什么是满堂脚手架?什么情况下使用满堂脚手架?其工程量怎样计算?_____。

(5)建筑物搭设外墙脚手架时,凡涉及室外地坪至檐口的砌筑高度在_____以下时,按脚手架计算;砌筑高度在_____以上,或不足_____,但外墙门窗及装饰面积超过外墙墙面面积_____以上时,均应按_____脚手架计算。

(6)计算内外脚手架时,是否需要扣除门窗洞口面积?_____。

(7)外墙脚手架工程量应怎样计算?_____。

(8)独立柱脚手架工程量怎样计算?_____。

(9)什么情况可以使用综合脚手架?其工程量怎样计算?_____。

(10)什么情况下必须使用脚手架?_____。

11.3.2 工程量计算

根据定额规定,本工程可执行综合脚手架,工程量为建筑物建筑面积。工程量计算见表 11-1。

表 11-1 工程量计算

定额编号	项目名称	计算式	单位	工程量
A10—0094	多层建筑综合脚手架 (框架结构檐高 20 m 以内)	$S=S_{建筑面积}$	m^2	1 813.992

11.3.3 典型脚手架计算案例

根据图 11-2 所示的尺寸计算建筑物外墙脚手架工程量。

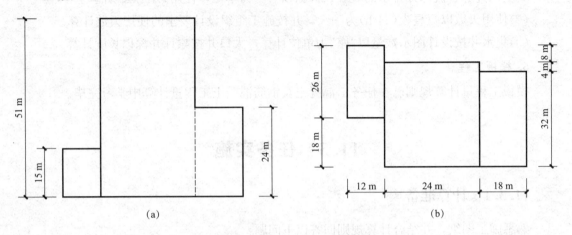

图 11-2 建筑物立面及平面布置图

11.4 任务小结

11.4.1 计算挖土工程量应注意的问题

(1)注意执行脚手架的定额规定。
(2)注意满堂脚手架的计算规则。
(3)注意单项脚手架的定额执行规定。
(4)注意垂直运输工程、建筑物超高增加费、大型设备进出场及安拆、施工排水降水的定额计算规定。

11.4.2 计算说明

凡是能够按"建筑面积计算规则"计算建筑面积的建筑工程均按综合脚手架定额计算脚手架摊销费。不能按"建筑面积计算规则"计算建筑面积的建筑工程，但施工组织设计规定需搭设脚手架时，按相应单项脚手架定额计算脚手架摊销费。

综合脚手架根据单层、多层和不同檐口高度，按"建筑面积计算规则"计算工程量。檐口高度指建筑物的滴水高度。平屋面从室外地坪算至屋面板底，凸出屋面的楼梯出口间、电梯间、水箱间等不计算檐高，屋顶上的特殊构筑物和女儿墙的高度也不计入檐高。

11.4.3 课后任务

(1)在课程平台上完成本次课学习总结。
(2)整理本工程全部建筑部分工程量计算。

任务 12

楼地面工程量计算

学习目标

1. 了解楼地面的组成。
2. 熟练识读建筑施工图。
3. 掌握楼地面工程量的计算规则。
4. 能根据定额计算规则准确计算楼地面工程量。

12.1 任务描述

12.1.1 任务引入

装饰工程一般按装饰部位可分为楼地面工程、墙柱面装饰与隔断幕墙、天棚工程、门窗工程、油漆涂料工程等，按装饰面层构造类型不同可分为抹灰类、贴面类、油漆及涂刷类、木装修等形式中的一种或多种的组合，另外，还有垫层、找平层、保温防水层等不同的基层及功能层次构造。计量时要按照不同的部位及不同的构造层次列项进行计算。

楼地面是生活的主要区域，楼地面装饰装修的重要性不言而喻。楼地面装修不仅为人们提供一个亮丽的空间，还有其他方面的作用，楼地面装饰作用表现在保护楼板或地坪，满足隔声、吸声、保温和装饰要求。楼地面装饰包括楼面装饰和地面装饰两部分，两者的主要区别是其饰面承托层不同。楼面装饰面层的承托层是架空的楼面结构层；地面装饰面层的承托层是室内回填土。

本工程土建工程量已计算完毕，现在开始计算装饰工程量。装饰工程量计算的第一个分部工程是楼地面工程，本任务就是计算楼地面工程的工程量。

楼地面工程需要计算工程量的部位多，计算量大，容易混淆，因此，在计算时应注意区分部位。

12.1.2 任务要求

根据某工程施工图纸及定额计算规则计算楼地面工程量。

12.2 计算规则与解析

楼地面的面层类型有整体面层（水泥砂浆、水磨石等）、块料面层（大理石、花岗石、面砖、各类地板、木地板等）。

楼地面的构造层次有垫层、找平层、防潮层、防水（潮）层、保温层、结合层、面层（图12-1）。

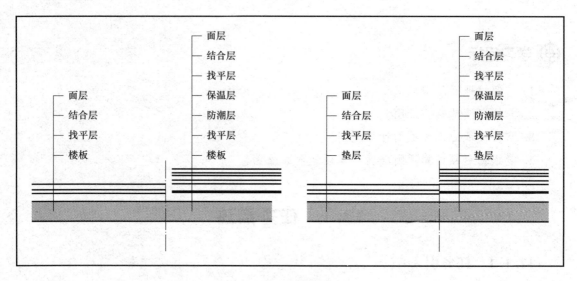

图 12-1 楼地面构造层次示意

楼地面的装饰部位可分为地面、楼梯、台阶、散水、坡道等。计算工程量时应按不同的部位分开，根据具体的构造层次进行计算。

1. 楼地面找平层及整体面层

按设计图示尺寸以面积计算。扣除凸出地面构筑物、设备基础、室内管道、地沟等所占面积，不扣除间壁墙及单个面积≤0.3 m² 的柱、垛、附墙烟囱及孔洞所占面积。门洞、空圈、暖气包槽、壁龛的开口部分不增加面积。

概念解析：整体面层是以建筑砂浆为主要材料，用现场浇筑法做成整片直接接受各种荷载、摩擦、冲击的表面层。一般可分为水泥砂浆面层、水磨石面层、细石混凝土面层、菱苦土面层。

找平层是在垫层、楼板上或填充层上整平、找坡或起加强作用的构造层，如水泥砂浆、细石混凝土等，有利于在其上面铺设面层或防水层、保温层。

【例 12-1】 某商店平面图如图 12-2 所示。地面做法：C20 细石混凝土找平层 60 mm 厚（商品混凝土），1∶2.5 白水泥色石子水磨石面层 20 mm 厚，15 mm×2 mm 铜条分隔，距墙、柱边 300 mm 范围内按纵横 1 m 宽分格，试计算地面面层工程量。

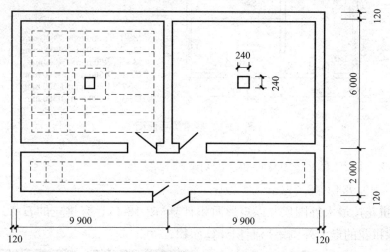

图 12-2 某商店平面图

【解】 水磨石面层为整体面层，计算工程量时柱所占面积无须扣除，门开口部分面积也不需要并入。

$S=(9.9-0.24)\times(6-0.24)\times2+(9.9\times2-0.24)\times(2-0.24)=145.71(m^2)$

2. 块料面层、橡塑面层

（1）块料面层、橡塑面层及其他材料面层按设计图示尺寸以面积计算。门洞、空圈、暖气包槽、壁龛的开口部分并入相应的工程量。

概念解析： 块料面层以陶质材料制品及天然石材等为主要原料，用建筑砂浆或胶粘剂作结合层嵌砌的直接接受各种荷载、摩擦、冲击的表面层。一般可分为方整石面层、锦砖面层、水泥砖面层、混凝土板面层、大理石板面层、花岗石板面层等。

橡塑面层部分设置橡胶板楼地面、橡胶卷材楼地面、塑料板楼地面和塑料卷材楼地面。

其他材料面层部分设置楼地面地毯、竹木地板、防静电活动地板、金属复合地板。

【例 12-2】 某建筑平面图如图 12-3 所示，墙厚为 240 mm，室内铺设 600 mm×75 mm×18 mm 实木地板，柚木 UV 漆板，四面企口，木龙骨 50 mm×30 mm@500 mm。试计算木地板地面的工程量。

【解】 木地板地面属于其他材料地面，其工程量计算时应按实铺面积计算，即

木地板地面的工程量 $S=$ 地面工程量 S_1 ＋门洞口部分的工程量 S_2

$S_1=(3.9-0.24)\times(3+3-0.24)+(5.1-0.24)\times(3-0.24)\times2$

$=21.082+26.827$

$=47.91(m^2)$

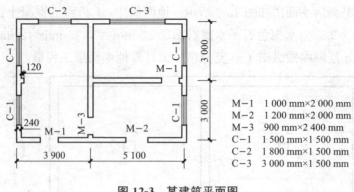

图 12-3 某建筑平面图

$S_2=(1\times2+1.2+0.9)\times0.24=0.984(\mathrm{m}^2)$

$S=47.91+0.984=48.89(\mathrm{m}^2)$

（2）石材拼花按最大外围尺寸以矩形面积计算（图 12-4）。有拼花的石材地面，按设计图示尺寸扣除拼花的最大外围矩形面积计算面积。

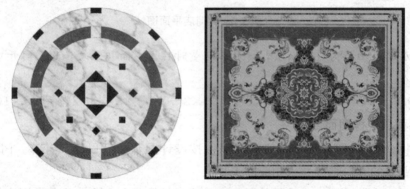

图 12-4 石材拼花示意

（3）点缀按"个"计算，计算主体铺贴地面面积时，不扣除点缀所占面积。

概念解析：点缀是指在大面积铺贴石板材中均匀散贴 0.015 m² 以内的小块料（图 12-5）。

图 12-5 点缀示意

(4) 石材底面刷养护液包括侧面涂刷，工程量按设计图示尺寸以底面积计算。

(5) 石材表面刷保护液按设计图示尺寸以表面积计算。

(6) 石材勾缝按石材设计图示尺寸以面积计算。

3. 踢脚线

按设计图示长度乘以高度以面积计算。楼梯靠墙踢脚线(含锯齿形部分)贴块料按设计图示面积计算。

概念解析：踢脚线又称踢脚板，是用以遮盖楼地面与墙面的接缝和保护墙面，以防止撞坏或拖洗地面时把墙面弄脏的板。踢脚线按材质有水泥砂浆、石材、块料、现浇水磨石、塑料板、木质、金属和防静电等踢脚线。高度在300 mm以内时，执行踢脚板定额；高度超过300 mm时，执行相应墙裙定额项目。

【**例12-3**】 某房屋平面图如图12-6所示，室内水泥砂浆粘贴200 mm高预制水磨石踢脚板，试计算预制水磨石踢脚板工程量。

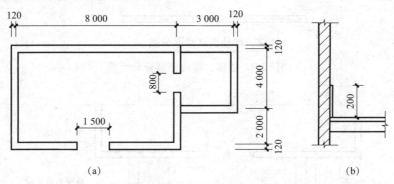

图12-6 某房屋平面图

【**解**】 计算工程量时应注意将门侧壁工程量并入。

踢脚板工程量 $S=$ 踢脚线净长度 $L\times$ 高度 h
$= [(8.00-0.24+6.00-0.24)\times 2+(4.00-0.24+3.00-0.24)\times 2-$
$\quad 1.50-0.80\times 2+0.24\times 4]\times 0.20$
$= 7.59(m^2)$

4. 楼梯面层

按设计图示尺寸以楼梯(包括踏步，休息平台及≤500 mm的楼梯井)水平投影面积计算。楼梯与楼地面相连时，算至梯口梁内侧边沿；无梯口梁者，算至最上一层踏步边沿加300 mm，带门或门洞的封闭楼梯间按楼梯间整体水平投影面积计算(图12-7)。

解析：当 $b\leq 500$ mm时，楼梯面层工程量$=L\times B\times (n-1)$；当 $b>500$ mm时，楼梯面层工程量$=[L\times B-b\times a]\times (n-1)$，其中 n 为楼层数。

5. 台阶面层

按设计图示尺寸以台阶(包括最上层踏步边沿加300 mm)水平投影面积计算(图12-8)。

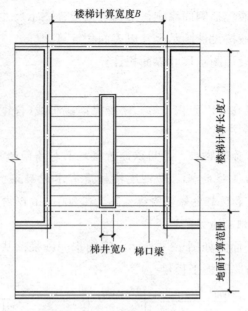

图 12-7 楼梯、楼地面装修分区图

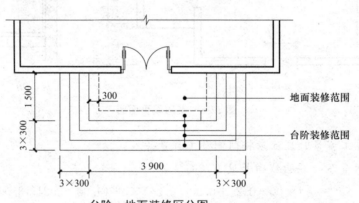

图 12-8 台阶、楼地面装修分区图

6. 零星项目

按设计图示尺寸以面积计算。

解析：零星项目面层适用于楼梯侧面、台阶牵边、小便池、蹲台、池槽，以及面积在 1 m^2 以内且未列项项目的工程。

7. 分格嵌条

按设计图示尺寸以"延长米"计算。

【例 12-4】 参考例 12-1 中某商店工程概况，试计算铜条分格条工程量。

【解】 柱边应扣除的分隔条工程量忽略不计。

铜条工程量 $L = (9.90-0.24-0.3-0.3) \times [(6.00-0.24-0.3-0.3) \div 1.00 + 1] +$
$(6.00-0.24-0.3-0.3) \times [(9.90-0.24-0.3-0.3) \div 1.00 + 1] +$
$(9.90 \times 2-0.24-0.3-0.3) \times [(2-0.24-0.3-0.3) \div 1.00 + 1] +$
$(2.00-0.24-0.3-0.3) \times [(9.9 \times 2-0.24-0.3-0.3) \div 1.00 + 1]$
$= 171.83 (\text{m})$

8. 块料楼地面酸洗打蜡

块料楼地面做酸洗打蜡者，按设计图示尺寸以表面积计算。

12.3 任务实施

12.3.1 计算准备

熟悉某办公楼项目施工图纸，并结合计算规则回答以下问题：

(1)本工程地面装饰有几种材料？分别采用什么材料？有哪些构造层？属于哪类面层（整体面层、块料面层或其他面层）？其工程量计算时是否扣除柱所占面积？是否需要将门洞开口部位并入工程量？_____。

(2)本工程楼面装饰有几种材料？分别采用什么材料？有哪些构造层？属于哪类面层（整体面层、块料面层或其他面层）？其工程量计算时是否扣除间壁墙？是否需要将门洞开口部位并入工程量？_____。

(3)本工程踢脚线采用什么材料？其工程量计算规则是什么？_____。

(4)本工程楼梯是否有梯梁？是否为封闭楼梯间？楼梯面层工程量计算规则是什么？

(5)本工程有无台阶、坡道？若有其面层工程量如何计算？_____。

(6)台阶面层按水平投影面积计算，包括踏步及最上一层踏步沿(　　)mm。
　　A. 200　　　　B. 250　　　　C. 300　　　　D. 350

(7)零星项目面层适用于面积在(　　)m² 以内且定额未列项目的工程。
　　A. 0.5　　　　B. 1.0　　　　C. 1.1　　　　D. 1.2

(8)楼地面工程中拼花项目按(　　)计算。
　　A. 净面积
　　B. 实铺面积
　　C. 展开面积
　　D. 最大外围尺寸的矩形面积

(9)下列各项中不属于楼地面整体面层材料的是(　　)。
　　A. 水泥砂浆面层
　　B. 混凝土面层
　　C. 水磨石面层
　　D. 大理石面层

(10)楼梯间面层工程量为(　　)。
　　A. 楼梯间面积×(层数-1)
　　B. 楼梯间面积×层数
　　C. 楼梯间净面积×(层数-1)
　　D. 楼梯间净面积×层数

12.3.2 工程量计算

1. 坡道面层工程量

各组根据图纸及计算规则,可直接确定该办公楼坡道面层工程量,见表12-1。

表12-1 办公楼坡道面层工程量计算

定额编号	项目名称	计算式	单位	工程量
B1-0019	石材楼地面(每块面积)0.64 m² 以外	1.5×2.1+1.5×(3.9+0.6-0.12)+1.2×2.0	m²	12.12

2. 台阶面层工程量

台阶面层工程量见表12-2。

表12-2 台阶面层工程量计算

定额编号	项目名称	计算式	单位	工程量
B1-0019	石材楼地面(每块面积)0.64 m² 以外	1.5×(29.04-1.5)	m²	41.31

3. 地面(一层)工程量

地面(一层)工程量计算见表12-3。

表12-3 地面(一层)工程量计算

定额编号	项目名称	计算式	单位	工程量
B1-0006	水泥砂浆楼地面	(7.8-0.12×2)×(3.9-0.12×2)×4+(7.8+7.2-0.12×2)×(3.9-0.12×2)×3+(5.7-3.9)×(7.2-0.12-0.22-1.2-0.38)	m²	282.25
B1-0032	陶瓷地面砖 0.64 m² 以内	(3.9+3.3-0.12×2)×(7.2-0.12×2)-3.3×3.2-(0.25-0.12)×(0.5-0.24)-(0.25-0.12)×(0.6-0.24)	m²	37.80
B1-0018	石材楼地面(每块面积)0.64 m² 以内	(1号楼梯间)(3.6-0.12×2)×(7.2-0.12×2)-(0.5-0.24)×(0.5-0.24)×3-(0.5-0.24)×(0.5-0.12)+2.1×0.12(M1开口部位)+(2号楼梯间)(3.3-0.12×2)×(7.2-0.12×2)-(0.5-0.24)×(0.5-0.24)×3+2.1×0.12	m²	44.68

4. 软件算量验证

(1)水泥砂浆楼地面软件算量＝282.031 2 m²(图12-9)。

注：水泥砂浆楼地面为整体面层，工程量取"地面积"即可。

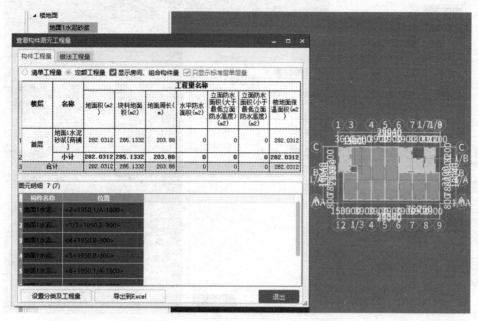

图12-9 水泥砂浆楼地面软件算量验证

(2)彩色釉面砖地面软件算量＝37.792 m²(图12-10)。

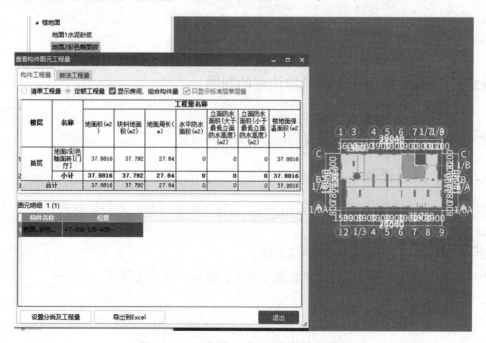

图12-10 彩色釉面砖地面软件算量验证

(3)花岗石面砖地面软件算量=44.683 2 m²(图12-11)。

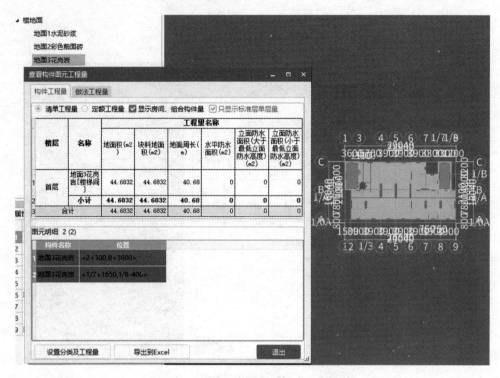

图12-11 花岗石面砖地面软件算量验证

12.4 任务小结

12.4.1 计算楼地面工程量应注意的问题

(1)注意区分不同楼地面位置的工程量计算规则。
(2)注意特殊位置工程量计算时的扣减关系。

12.4.2 课后任务

(1)完成办公楼楼面(二至四层及机房层)装饰工程量计算,并将计算式及结果整理至工程量计算书。
(2)在课程平台上完成本次课学习总结。
(3)在课程平台上预习墙、柱面装饰与隔断、幕墙工程相关内容。

任务 13
墙、柱面装饰与隔断、幕墙工程量计算

学习目标

1. 了解墙、柱面装饰的分类及其工艺流程。
2. 熟练识读建筑施工图。
3. 掌握墙、柱面装饰与隔断、幕墙工程量的计算规则。
4. 能根据定额计算规则准确计算墙、柱面装饰与隔断、幕墙工程量。

13.1 任务描述

13.1.1 任务引入

墙、柱面装饰是指建筑物空间垂直面的装饰。其主要包括墙面、柱面、零星工程的抹灰、镶贴块料面层、墙饰面、柱(梁)饰面、木墙面及木墙裙、隔断、隔墙、幕墙等工程。

墙、柱面装饰工程涉及的施工工艺繁多，采用的材料种类也繁杂，因此，计算工程量时应确保计算结果的准确性，为日后工程计价打下良好基础。本任务是计算墙、柱面装饰与隔断、幕墙装饰工程的工程量。

13.1.2 任务要求

根据某办公楼施工图纸及定额计算规则计算墙、柱面装饰与隔断、幕墙装饰工程量。

13.2 计算规则与解析

1. 抹灰

墙、柱面抹灰包括一般抹灰、装饰抹灰和勾缝三部分内容。一般抹灰有石灰砂浆、水泥砂浆、混合砂浆、其他砂浆、麻刀石灰、纸筋石灰、石膏灰等的抹灰;装饰抹灰有水刷石、干粘石、斩假石、水磨石、假面砖、拉条灰、拉毛灰、甩毛灰、喷涂、滚涂等的抹灰;勾缝是指清水砖墙、砖柱的加浆勾缝,不是原浆勾缝。勾缝类型主要有平缝、平凹缝、平凸缝、半圆凹缝、半圆凸缝和三角凸缝等。

(1)内墙面、墙裙抹灰应扣除门窗洞口和单个面积>0.3 m² 的空圈所占的面积,不扣除踢脚线、挂镜线及单个面积≤0.3 m² 的孔洞和墙与构件交接处的面积,且门窗洞口、空圈、孔洞的侧壁面积也不增加,附墙柱的侧面抹灰应并入墙面、墙裙抹灰工程量计算。

概念解析: 挂镜线又称"画镜线",也有人称之为挂画器,是设置在室内墙面的上部为悬挂镜框、画幅而装设的木质线或不锈钢轨道,挂镜线的另一作用是使墙面及天棚做不同颜色的粉饰时有明确、整齐的分界(图 13-1)。挂镜线一般用优质木材、塑料或不锈钢制作,常刨出线脚,加油漆以增美观。

内墙抹灰工程量=主墙间净长度×墙面高度-门窗洞口、孔洞等所占面积+附墙柱、垛的侧面抹灰面积

图 13-1 挂镜线示意

(2)内墙面、墙裙的长度按主墙间的图示净长计算,墙面高度按室内地面至天棚底面净高计算,墙面抹灰面积应扣除墙裙抹灰面积,如墙面和墙裙抹灰种类相同者,工程量合并计算。

解析: 内墙面抹灰的高度确定方法为,当墙面抹灰无墙裙时,其高度按室内地面或楼面至天棚底面之间距离计算;当墙面抹灰有墙裙时,其高度按墙裙顶至天棚底面之间距离计算。

【例 13-1】 某工程平面图及剖面图如图 13-2 所示,内墙面抹 1:2 水泥砂浆底,1:3 石灰砂浆找平层,麻刀石灰浆面层,共 20 mm 厚。内墙裙采用 1:3 水泥砂浆打底(19 厚),1:2.5 水泥砂浆面层(6 mm 厚),试计算内墙面抹灰工程量。其中,M:1 000 mm×2 700 mm,共 3 个,C:1 500 mm×1 800 mm,共 4 个。

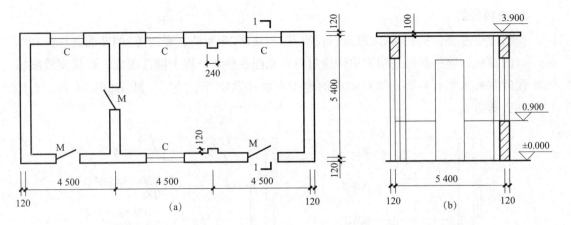

图 13-2 某工程平面图及剖面图

【解】 内墙面抹灰高度应扣减墙裙高度，扣除门窗洞口所占面积，洞口侧壁面积也不增加。墙裙设置高度为 0.9 m，因此只需扣除门所占面积。

内墙面抹灰工程量 = [(4.50×3−0.24×2+0.12×2)×2+(5.40−0.24)×4]×(3.90−0.10−0.90)−1.00×(2.70−0.90)×4−1.50×1.80×4
= 118.76(m²)

内墙裙抹灰工程量 = [(4.50×3−0.24×2+0.12×2)×2+(5.40−0.24)×4−1.00×4]×0.90
= 38.84(m²)

(3)外墙抹灰面积按垂直投影面积计算，应扣除门窗洞口、外墙裙(墙面和墙裙抹灰种类相同者应合并计算)和单个面积＞0.3 m² 的孔洞所占面积，不扣除单个面积≤0.3 m² 的孔洞所占面积，门窗洞口及孔洞侧壁面积也不增加。附墙柱侧面抹灰面积应并入外墙面抹灰工程量。

解析： 外墙抹灰工程量＝外墙面长度×墙面高度−门窗洞口、孔洞等所占面积＋附墙垛、柱的侧面抹灰面积。

(4)柱抹灰按结构断面周长乘以抹灰高度计算。

(5)装饰线条抹灰按设计图示尺寸以长度计算。

解析： 抹灰工程的装饰线条适用于门窗套、挑檐、腰线、压顶、遮阳板外边、宣传栏边框等项目的抹灰，以及凸出墙面且展开宽度≤300 mm 的竖、横线条抹灰。线条展开宽度＞300 mm 且≤400 mm 者，按相应项目乘以系数 1.33 计算，展开宽度＞400 mm 且≤500 mm 者，按相应项目乘以系数 1.67 计算。

(6)装饰抹灰分格嵌缝按抹灰面面积计算。

(7)"零星项目"按设计图示尺寸以展开面积计算。

解析： 抹灰工程的"零星项目"适用于各种壁橱、碗柜、飘窗板、空调隔板、暖气罩、池槽、花台以及面积≤1 m² 的其他各种零星抹灰。

2. 块料面层

块料面层主要包括石材（大理石、花岗石）和块料（彩釉砖、瓷砖等）的墙面、柱面和零星项目的镶贴。碎拼石材是指采用碎块材料在水泥砂浆结合层上铺设而成，碎块间缝隙填嵌水泥砂浆或水泥石粒等。块料墙面的施工方法有镶贴（图 13-3）、挂贴（图 13-4）、干挂（图 13-5）等方式。

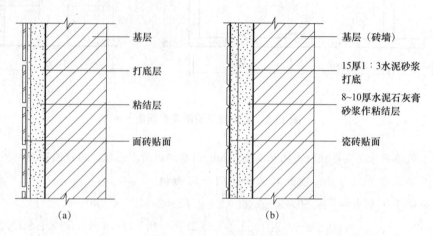

图 13-3 镶贴块料面层示意

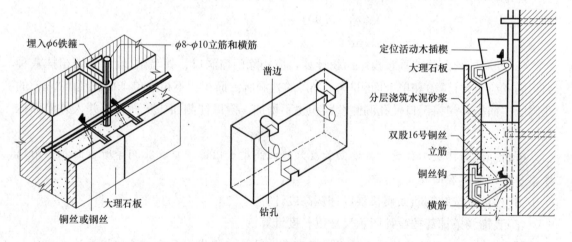

图 13-4 挂贴块料面层示意

镶贴属于粘贴或湿贴，与铺贴相近。铺贴主要针对地面，镶贴主要针对墙面。

对大规格的石材使用先挂后灌浆的方式固定于墙、柱面的施工方法，称为挂贴施工法。

干挂方式是指直接干挂法，是通过不锈钢膨胀螺栓、不锈钢挂件、不锈钢钢针等，将外墙饰面板连接在外墙墙面；间接干挂法是指通过固定的墙、柱、梁上的龙骨，再通过各种挂件固定外墙饰面板。

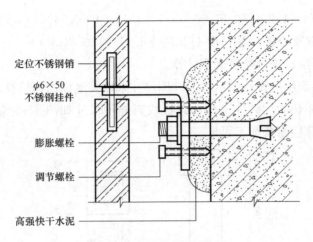

图 13-5 干挂块料面层示意

（1）挂贴石材零星项目中柱墩、柱帽是按圆弧形成品考虑的，按其圆的最大外径以周长计算；其他类型的柱帽、柱墩工程量按设计图示尺寸以展开面积计算。

【**例 13-2**】 某建筑物钢筋混凝土柱 14 根，构造如图 13-6、图 13-7 所示，若柱面挂贴花岗石面层，试计算其工程量。

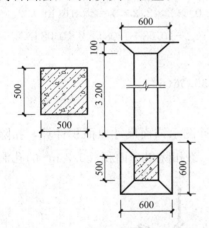

图 13-6 钢筋混凝土柱构造简图

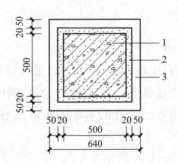

图 13-7 混凝土柱挂贴花岗石板断面

1—钢筋混凝土柱体；2—50 mm 厚 1：2 水泥砂浆灌浆；
3—20 mm 厚花岗石板

【**解**】 柱面贴块料面层按外围饰面尺寸乘以高度计算。计算外围尺寸应在拐角处加上砂浆厚度和块料面层之和的尺寸计算工程量。

柱身挂贴花岗石工程量 $= 0.64 \times 4 \times 3.2 \times 14 = 114.69 (m^2)$

花岗石柱帽工程量按图示尺寸展开面积，本例中柱帽为倒置四棱台，即应计算四棱台的斜表面积，公式为：四棱台全斜表面积 $= 1/2 \times$ 斜高 $\times$（上面的周边长 $+$ 下面的周边长），按图示尺寸代入，柱帽展开面积为

柱帽展开面积 $=1/2\times\sqrt{0.5^2+0.05^2}\times(0.64\times4+0.74\times4)\times14=6.97(m^2)$

柱面、柱帽工程量合并计算，即 $114.69+6.11=120.8(m^2)$。

(2) 镶贴块料面层，按镶贴表面积计算。

(3) 柱镶贴块料面层按设计图示饰面外围尺寸乘以高度以面积计算。

【**例 13-3**】 某单位大门砖柱 4 根，砖柱块料外围尺寸如图 13-8 所示，面层水泥砂浆贴玻璃马赛克。计算柱面装饰工程量。

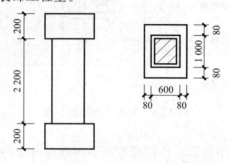

图 13-8　混凝土柱挂贴花岗石板断面

【**解**】 该图包含柱身和柱顶、柱脚三部分内容，计算工程量时需合并计算。

2.2 m 高的柱面镶贴马赛克工程量 $=(0.6+1.0)\times2\times2.2\times4=28.16(m^2)$

柱顶和柱脚贴马赛克工程量 $=[(0.76+1.16)\times2\times0.2+(0.68+1.08)\times2\times0.08]\times2\times4$
$=8.40(m^2)$

总工程量 $=28.16+8.40=36.56(m^2)$

3. 墙饰面

(1) 龙骨(图 13-9)、基层、面层墙饰面项目按设计图示饰面尺寸以面积计算，扣除门窗洞口及单个面积>0.3 m^2 以上的空圈所占的面积，不扣除单个面积≤0.3 m^2 的孔洞所占面积，门窗洞口及孔洞侧壁面积也不增加。

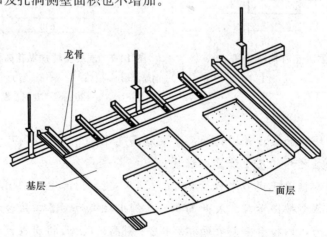

图 13-9　带龙骨装饰面示意

(2)柱（梁）饰面的龙骨、基层、面层按设计图示饰面尺寸以面积计算，柱帽、柱墩并入相应柱面积计算。

【例 13-4】 某工程混凝土柱面做木龙骨，三夹板基层，镜面不锈钢板（0.8 mm）装饰，柱面尺寸如图 13-10 所示，共 4 根，龙骨断面尺寸为 30 mm×40 mm，间距为 250 mm，计算单柱饰面工程量。

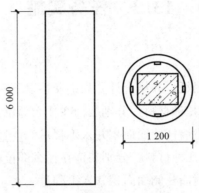

图 13-10 混凝土柱立面及断面示意

【解】 单柱饰面工程量按柱饰面周长乘以柱高计算。
$$S=\pi\times1.20\times6.00\times4=90.43(m^2)$$

4. 幕墙、隔断

(1)玻璃幕墙、铝板幕墙以框外围面积计算；半玻璃隔断、全玻璃幕墙如有加强肋者，工程量按其展开面积计算。

解析：玻璃幕墙设计带有平、推拉窗者，并入幕墙面积计算，窗的型材用量应予以调整，窗的五金用量相应增加，五金施工损耗按 2% 计算。

(2)隔断按设计图示框外围尺寸以面积计算，扣除门窗洞及单个面积 >0.3 m² 的孔洞所占面积。

【例 13-5】 如图 13-11 所示，间壁墙采用轻钢龙骨双面镶嵌石膏板，门口尺寸为 900 mm×2 000 mm，柱面水泥砂浆粘贴 6 m 车边镜面玻璃，装饰断面尺寸为 400 mm×400 mm，计算间壁墙工程量和柱面装饰工程量。

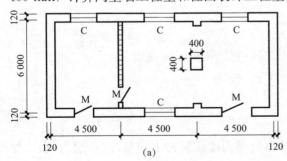
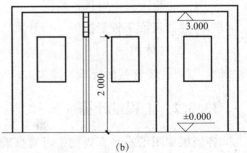

图 13-11 某建筑平面图及立面图

【解】　间壁墙工程量＝(6.00－0.24)×3－0.9×2＝15.48(m²)

间壁墙双面石膏板工程量＝[(6.00－0.24)×3－0.9×2]×2＝15.48×2＝30.96(m²)

柱面工程量＝0.40×4×3＝4.80(m²)

13.3　任务实施

13.3.1　计算准备

熟悉某办公楼项目施工图纸，并结合计算规则回答以下问题：

(1)本工程内墙面装饰有几种材料？分别装饰在什么部位？其工程量计算规则是什么？是否需要将门洞侧壁面积、附墙柱侧面面积并入工程量？_____。

(2)本工程外墙面装饰有几种材料？分别装饰在什么部位？其工程量计算规则是什么，是否需要将门洞侧壁面积、附墙柱侧面面积并入工程量？_____。

(3)本工程有无墙裙？若有应设置在什么位置？计算墙裙工程量时应注意什么问题？_____。

(4)统计本工程门窗表信息。_____。

(5)内、外墙面高度分别为多少？_____。

(6)外墙、内墙抹灰的计算长度如何计算？(　　)。

　　A. 外墙按外边线，内墙按净长线　　B. 内墙按中心线，外墙按净长线

　　C. 内、外墙均按净长线　　D. 内、外墙均按轴线

(7)计算外墙水泥砂浆抹灰面积，不应该包括(　　)。

　　A. 梁侧面抹灰面积　　B. 墙垛侧面抹灰面积

　　C. 柱侧面抹灰面积　　D. 洞口侧面抹灰面积

(8)装饰抹灰的分格嵌缝按(　　)计算。

　　A. 装饰抹灰面积　　B. 分格面积　　C. 分格长度　　D. 外墙面积

(9)柱装饰面工程量按(　　)计算。

　　A. 柱体积　　B. 柱结构周长×高度

　　C. 柱装饰截面周长×高度　　D. 长度

(10)柱抹灰面工程量按(　　)计算。

　　A. 柱体积　　B. 柱结构周长×高度

　　C. 柱装饰截面周长×高度　　D. 长度

13.3.2　工程量计算

各组根据图纸及计算规则，可直接确定该办公楼内墙面装饰工程量(以一层为例)，见表13-1，一层内墙面全部房间采用乳胶漆。

表 13-1 内墙面装饰工程量(以一层为例)计算

定额编号	项目名称	计算式	单位	工程量
B5-0209	乳胶漆室内墙面二遍(门厅)	$[(7.2-0.12\times2)\times2\times2]\times(3.85-0.12)-1.5\times2.1-3.4\times2.8-1.7\times(3.85-0.5)$	m²	85.48
B5-0209	乳胶漆室内墙面二遍(商铺)	$[(7.8-0.12\times2+3.9-0.12\times2)\times2\times4+(3.9\times0.12\times2-15.0-0.24\times2)\times2\times3+(5.7-3.9)\times2+(0.55-0.24)\times3]\times3.73-3.27\times2.8-3.4\times2.8\times4-2.9\times2.8-1.95\times2.8-1.5\times1.9\times2-3.0\times1.9\times2-1.5\times2.8-1.2\times2.5-0.75\times2.5\times3$	m²	667.83
B5-0209	乳胶漆室内墙面二遍(楼梯间)	$(2\#楼梯间)(3.3-0.12\times2+7.2-0.12\times2)\times2\times3.9-1.5\times2.7-1.5\times2.1+(1.5+2.7\times2)\times0.12$	m²	71.78

(1)乳胶漆室内墙面(门厅)软件算量=85.478 2 m²(图 13-12)。

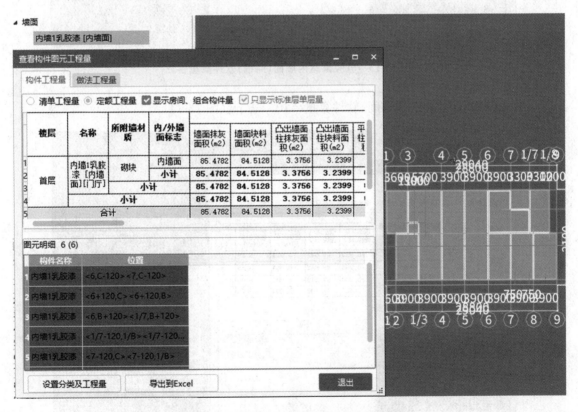

图 13-12 乳胶漆室内墙面(门厅)软件算量验证

(2)乳胶漆室内墙面(商铺)软件算量=675.03 m²(图 13-13)。

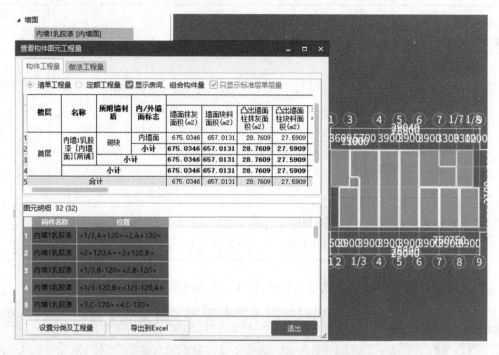

图 13-13　乳胶漆室内墙面(商铺)软件算量验证

(3)乳胶漆室内墙面(楼梯间)软件算量=70.956 m²(图 13-14)。

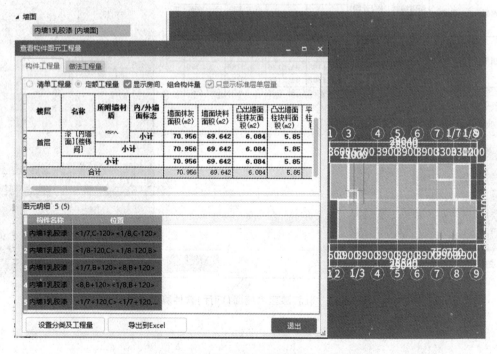

图 13-14　乳胶漆室内墙面(楼梯间)软件算量验证

13.4 任务小结

13.4.1 计算楼墙、柱面工程量应注意的问题

(1)注意区分不同墙、柱面位置的工程量计算规则。
(2)注意外墙装饰面墙身高度应考虑室外地坪至±0.000的高度。
(3)注意确定墙身长度时,不能扣除门窗洞口所占长度,而应扣除门窗洞口面积。
(4)注意区分特殊部位与其他构件有交接时,工程量计算的扣减、增加原则。

13.4.2 课后任务

(1)完成办公楼外墙装饰工程量和内墙(二至四层及机房层)装饰工程量计算,并将计算式及结果整理至工程量计算书。
(2)在课程平台上完成本次课学习总结。
(3)在课程平台上预习天棚工程相关内容。

任务 14

天棚工程量计算

学习目标

1. 了解天棚装饰的分类、所用材料的类别及其工艺流程。
2. 熟练识读建筑施工图。
3. 掌握天棚工程量的计算规则。
4. 能根据定额计算规则准确计算天棚工程量。

14.1 任务描述

14.1.1 任务引入

天棚是指建筑施工过程中，位于楼面底板或屋面底板下的构造层，也称为顶棚。悬挂于楼板或屋盖承重结构下表面的天棚称为吊顶。天棚有改善室内环境，满足照明、通风、保温、隔热、吸声、防火等功能的作用；同时，还能够装饰室内空间，渲染环境，烘托气氛。

天棚工程量的计算技巧是可参照楼地面工程量，进行相应构件工程量的增加或扣减，以降低计算任务的强度。本任务是计算天棚工程的工程量。

14.1.2 任务要求

根据某办公楼施工图纸及定额计算规则计算天棚工程量。

14.2 计算规则与解析

14.2.1 天棚抹灰

按设计结构尺寸以展开面积计算天棚抹灰。不扣除间壁墙、垛、柱、附墙烟囱、检查口和管道所占的面积,带梁天棚的梁两侧抹灰面积并入天棚面积,板式楼梯(图 14-1)底面抹灰面积(包括踏步、休息平台以及宽度≤500 mm 的楼梯井)按水平投影面积乘以系数 1.15 计算;锯齿形楼梯(图 14-2)底板抹灰面积(包括踏步、休息平台以及面积≤500 mm 宽的楼梯井)按水平投影面积乘以系数 1.37 计算。

图 14-1 板式楼梯

图 14-2 锯齿形楼梯

解析:抹灰从级别上可分为普通、中级、高级三个等级;从材料上可分为石灰砂浆、水泥砂浆、混合砂浆等。

【**例 14-1**】 某工程现浇井字梁天棚如图 14-3 所示,基层为 1:0.3:3 混合砂浆,麻刀石灰浆面层,试计算天棚抹灰工程量。

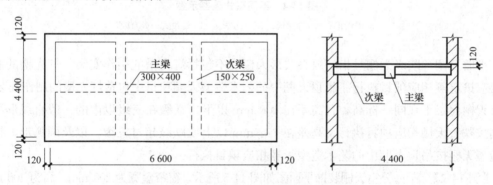

图 14-3 某工程井字梁平面图及立面图

【**解**】 此天棚为带梁天棚,计算工程量时需将梁两侧抹灰面积并入天棚面积。

水平投影: $(6.60-0.24)\times(4.40-0.24)=26.46(m^2)$

主梁侧面: $(0.40-0.12)\times(6.60-0.24)\times2=3.56(m^2)$

次梁侧面: $(0.25-0.12)\times(4.40-0.24-0.3)\times2\times2=2.01(m^2)$

需扣除的主次梁交接处面积: $(0.25-0.12)\times0.15\times4=0.078(m^2)$

总面积 $=26.46+3.56+2.01-0.078=31.95(m^2)$

14.2.2 天棚吊顶

(1)天棚龙骨按主墙间水平投影面积计算,不扣除间壁墙、垛、柱、附墙烟囱、检查口和管道所占面积,扣除单个面积>0.3 m² 的孔洞、独立柱及与天棚相连的窗帘盒所占的面积。斜面龙骨按斜面积计算。

(2)天棚吊顶的基层和面层均按设计图示尺寸以展开面积计算,天棚面中的灯槽及跌级、阶梯式、锯齿形、吊挂式、藻井式天棚面积按展开计算(图 14-4)。不扣除间壁墙、垛、柱、附墙烟囱、检查口和管道所占面积,扣除单个面积>0.3 m² 的孔洞、独立柱及与天棚相连的窗帘盒所占的面积。

解析: 天棚面层在同一标高者为平面天棚,天棚面层不在同一标高者为跌级天棚,跌级是形状比较简单,不带灯槽,一个空间只有一个"凸"或"凹"形状的天棚。

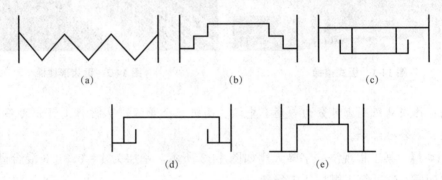

图 14-4 不同形式天棚示意
(a)锯齿形;(b)阶梯式;(c)吊挂式;(b)藻井式;(e)跌级

平面天棚和跌级天棚是指一般直线形天棚,不包括灯光槽的制作安装。灯光槽的制作安装应按定额相应项目执行。吊顶天棚中的艺术造型天棚项目中包括灯光槽的制作安装。

天棚面层不在同一标高,且高差在 400 mm 以下,跌级在三级以内的一般直线形平面天棚按跌级天棚相应项目执行;高差在 400 mm 以上或跌级超过三级,以及圆弧形、拱形等造型天棚按吊顶天棚中的艺术造型天棚相应项目执行。

【例 14-2】 某办公室天棚装饰平面图如图 14-5 所示,窗帘盒宽为 200 mm,高为 400 mm,通长。吊顶做法:平面不上人 U 形轻钢龙骨中距为 450 mm×450 mm;基层为九夹板;面层为红榉拼花。试计算天棚吊顶工程量。

【解】 此工程天棚为平面天棚,因此天棚龙骨、吊顶的基层和面层工程量相同,应扣除与天棚连接的窗帘盒和独立柱所占面积。

天棚轻钢龙骨工程量 $= 3.60 \times 3 \times (5.00 - 0.20) - 0.30 \times 0.30 \times 2 = 51.66 (m^2)$

九夹板基层工程量 $= 51.66\ m^2$

红榉板面层工程量 $= 51.66\ m^2$

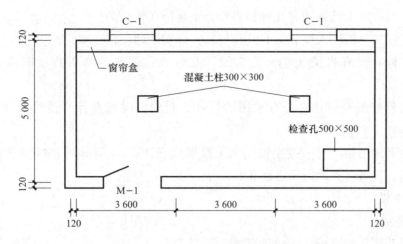

图 14-5 某办公室天棚装饰平面图

(3)格栅吊顶(图 14-6)、藤条造型悬挂吊顶、织物软雕吊顶(图 14-7)和装饰网架吊顶，按设计图示尺寸以水平投影面积计算。吊筒吊顶以最大外围水平投影尺寸，以外接矩形面积计算。

图 14-6 格栅吊顶

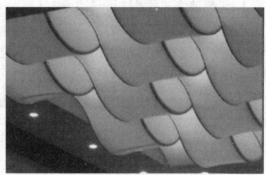

图 14-7 织物软雕吊顶

14.2.3 天棚其他装饰

(1)灯带(槽)按设计图示尺寸以框外围面积计算。

(2)送风口、回风口及灯光孔按设计图示数量计算。

14.3 任务实施

14.3.1 计算准备

熟悉某办公楼项目施工图纸，并结合计算规则回答以下问题：

(1)本工程一层天棚装饰有几种材料？分别装饰在什么部位？_____。

(2)本工程二至四层天棚装饰有几种材料？分别装饰在什么部位？_____。

(3)本工程有没有带梁天棚？若有设置在什么位置？计算工程量时需注意什么问题？_____。

(4)本工程有没有吊顶？若有采用的是什么材料？设置在什么位置？计算规则是什么？_____。

(5)各种天棚吊顶（　　）按主墙间水平投影面积计算，不扣除间壁墙、垛、柱、附墙烟囱、检查口和管道所占面积。

　　A. 龙骨　　　　　　　　　　B. 面层
　　C. 基层　　　　　　　　　　D. 垫层

(6)天棚基层工程量按（　　）计算。

　　A. 水平投影面积　　　　　　B. 展开面积
　　C. 实钉面积　　　　　　　　D. 主墙间净面积

14.3.2　工程量计算

1. 天棚装饰工程量（以一层为例）

各组根据图纸及计算规则，可直接确定该办公楼内墙面装饰工程量为：一层天棚装饰全部房间天棚装饰采用乳胶漆，读图可知天棚工程量只需将楼地面工程量的计算结果加上带梁天棚梁两侧面积即可，见表14-1。

表14-1　天棚装饰工程量计算

定额编号	项目名称	计算式	单位	工程量
B5—0210	乳胶漆室内天棚面二遍	282.24＋37.8＋(L7侧面面积)(4.0－0.24)×2×(0.7－0.12)＋(L2侧面面积)(3.9－0.24)×(0.5－0.12)×2×7＋(3.6＋3－1.5－3.9)×(0.35－0.12＋0.05)×2＋(L6侧面面积)(7.2－0.24)×(0.6－0.12＋0.05)－0.24×(0.35－0.12)＋(KL2侧面面积)(3.9－0.24)×(0.5－0.12)×2	m²	350.96

2. 软件算量验证

乳胶漆室内天棚面软件算量＝361.532 2 m²（图14-8）。

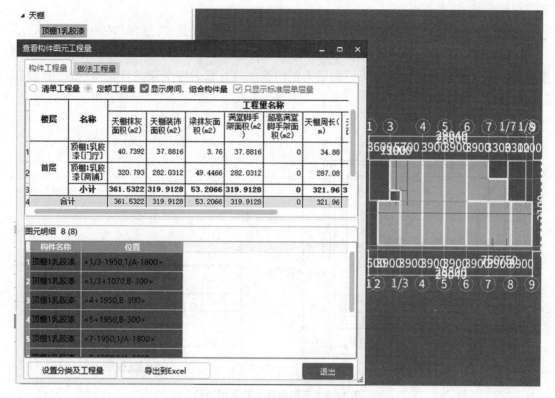

图 14-8 乳胶漆室内天棚面软件算量验证

14.4 任务小结

14.4.1 计算天棚工程量应注意的问题

(1)注意区分不同类别天棚装饰的工程量计算规则。

(2)注意天棚吊顶的龙骨工程量按主墙间水平投影面积计算,而天棚吊顶的基层和面层均按设计图示尺寸以展开面积计算。

(3)注意天棚抹灰与天棚吊顶工程量计算规则有所不同,天棚抹灰不扣除柱和垛所占面积;天棚吊顶也不扣除柱和垛所占面积,但应扣除独立柱所占面积。柱垛是指与墙体相连的柱而凸出墙体部分。

(4)注意带梁天棚的梁两侧抹灰面积并入天棚面积。

(5)注意特殊部位工程量计算时的扣减、增加原则。

14.4.2 课后任务

(1)完成办公楼天棚(二至四层及机房层)装饰工程量的计算,并将计算式及结果整理至工程量计算书。

(2)在课程平台上完成本次课学习总结,并上传作业1的计算过程和结果。

【作业1】 图14-9所示为某办公室天棚吊顶,龙骨为装配式U形轻钢龙骨,面层为铝塑板,回光灯槽基层为五夹板,面层为铝塑板,试计算天棚吊顶龙骨、面层及回灯光槽的工程量。

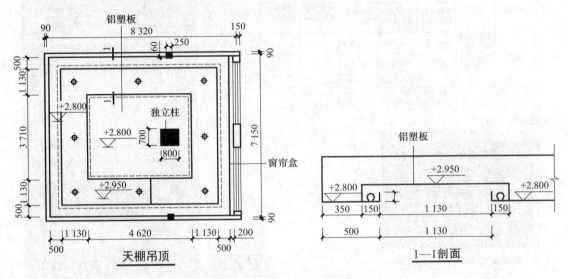

图14-9 天棚吊顶平面及剖面图

(3)在课程平台上预习门窗工程相关内容。

任务 15

门窗工程量计算

学习目标

1. 了解门窗的分类、所用材料的类别。
2. 熟练识读建筑施工图。
3. 掌握门窗工程量的计算规则。
4. 能根据定额计算规则准确计算门窗工程量。

15.1　任务描述

15.1.1　任务引入

门窗工程包括门和窗，门窗分类多种多样，窗按开启方式分类(图 15-1)，主要可分为固定窗、平开窗、上悬窗、中悬窗、立悬窗、水平推拉窗、垂直推拉窗；门按开启方式可分为平开门、弹簧门、推拉门、折叠门、转门等；按框料分类可分为木门窗、金属门窗、塑钢门窗、铝塑门窗、不锈钢实木门窗、人造板门窗、模压板门窗等。门窗工程项目内容还包括门窗套、门窗贴脸、筒子板、窗台板、窗帘盒、窗帘轨等。

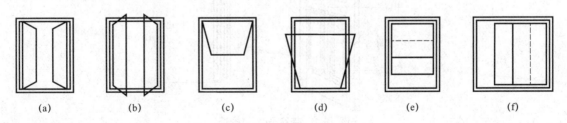

图 15-1　窗的开启方式

(a)向外平开；(b)向内平开；(c)上悬；(d)下悬；(e)上下推拉；(f)左右推拉

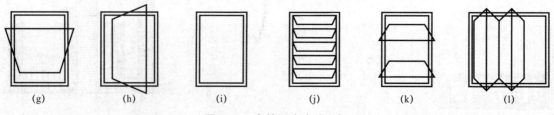

图 15-1　窗的开启方式(续)
(g)中悬；(h)立转；(i)固定；(j)百叶；(k)双中悬；(l)滑轴折叠

门窗工程量计算规则较简单，但涉及的名词概念、门窗的分类和采用的材料及相应的构造都较多，因此，在能够熟练计算门窗工程量前应做好准备工作。本任务是计算门窗工程的工程量。

15.1.2　任务要求

根据某办公楼施工图纸及定额计算规则计算门窗工程量。

15.2　计算规则与解析

15.2.1　木门

木门是由门框和门扇两部分组成的。各种类型木门的门扇样式、构造做法不尽相同，但其门框却基本相同。门框可分为有亮子(图15-2)和无亮子两种。

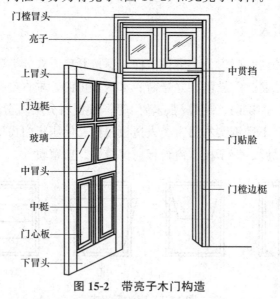

图 15-2　带亮子木门构造

门扇按其骨架和面板拼装方式，一般可分为镶板式门扇和贴板式门扇(图15-3)。镶板式的面板一般用实木板、纤维板、木屑板等；贴板式的面板通常采用胶合板和纤维板等。

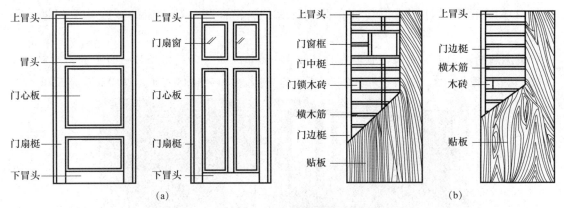

图 15-3 门扇构造

(a)镶板门扇的构造；(b)贴板门扇的构造

(1)成品木门框(图 15-4)安装按设计图示框的中心线长度计算。

概念解析：门框又称门樘，一般由两根竖直的边框和上框组成。当门带有亮子时，还有中横框。多扇门还有中竖框。门框是门扇、亮子与墙的连系构件。

(2)成品木门扇安装按设计图示扇面积计算。

概念解析：门扇是门的重要组成部分，是可供门开启或关闭的构件。

(3)成品套装木门安装按设计图示数量计算。

解析：成品套装门安装包括门套和门扇的安装。

(4)木质防火门安装按设计图示洞口面积计算。

概念解析：木材的常用阻燃方法有喷涂法、浸泡法、蒸煮法、真空法、真空加压法等。

15.2.2 金属门、窗

(1)铝合金门窗(飘窗、阳台封闭窗除外)、塑钢门窗均按设计图示门、窗洞口面积计算(图 15-5、图 15-6)。

图 15-4 成品木门

图 15-5 铝合金门

图 15-6 塑钢飘窗

(2)门连窗按设计图示洞口面积分别计算门、窗面积，其中窗的宽度算至门框的外边线。

概念解析：门连窗是指门框与窗框连接在一起，形成一面是门而另一面是窗的门窗组合体(图 15-7、图 15-8)，多用于外挑阳台(或露台)进入室内的墙体之间，以增加采光面积。

图 15-7 门连窗

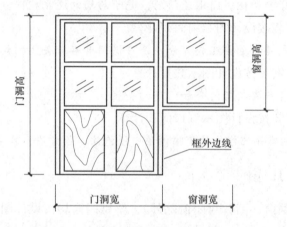

图 15-8 门连窗的门、窗划分区域示意图

(3)纱门、纱窗扇按设计图示扇外围面积计算(图 15-9、图 15-10)。

图 15-9 纱门　　　　　图 15-10 纱窗

（4）飘窗、阳台封闭窗（图 15-11）按设计图示框型材外边线尺寸以展开面积计算。

图 15-11　阳台封闭窗

（5）钢质防火门、防盗门（图 15-12）按设计图示门洞口面积计算。

（6）防盗窗（图 15-13）按设计图示窗框外围面积计算。

（7）彩板钢门窗（图 15-14）按设计图示门、窗洞口面积计算，彩板钢门窗附框按框中心线长度计算。

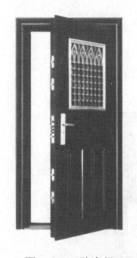  

图 15-12　防盗门　　　图 15-13　防盗窗　　　图 15-14　彩板钢窗

15.2.3　金属卷帘（闸）

金属卷帘门（闸）（图 15-15）按设计图示卷帘门宽度乘以卷帘门高度（包括卷帘箱高度）以面积计算，电动装置安装按设计图示套数计算。

图 15-15 金属卷帘门

15.2.4 厂库房大门、特种门

厂库房大门、特种门按设计图示门洞口面积计算。

概念解析： 特种门应区分冷藏门、冷冻间门、保温门、变电室门、隔音门、防射线门、人防门、金库门等。

15.2.5 其他门

(1)全玻有框门扇(图 15-16)按设计图示扇边框外边线尺寸以扇面积计算。

解析： 全玻璃门扇安装项目按地弹门考虑，其中地弹门消耗量可按实际调整。

图 15-16 全玻有框门扇

（2）全玻无框（条夹）门扇（图15-17）按设计图示扇面积计算，高度算至条夹外边线、宽度算至玻璃外边线。

（3）全玻无框（点夹）门扇（图15-18）按设计图示玻璃外边线尺寸以扇面积计算。

图15-17　全玻无框（条夹）门扇　　　　图15-18　全玻无框（点夹）门扇

（4）无框亮子（图15-19）按设计图示门框与横梁或立柱内边缘尺寸玻璃面积计算。

（5）全玻转门（图15-20）按设计图示数量计算。

 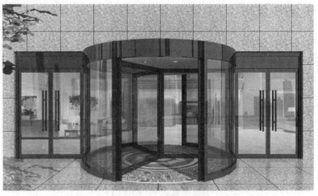

图15-19　全玻璃门带无框亮子　　　　图15-20　全玻转门

（6）不锈钢伸缩门（图15-21）按设计图示延长米计算。

概念解析： 伸缩门（Retractable door），就是门体可以伸缩自由移动，来控制门洞大小、控制行人或车辆的拦截和放行的一种门。伸缩门主要由门体、驱动电动机、滑道、控制系统构成。

（7）传感和电动装置按设计图示套数计算。

图 15-21 不锈钢伸缩门

15.2.6 门钢架、门窗套

(1)门钢架按设计图示尺寸以质量计算。

(2)门钢架基层、面层按设计图示饰面外围尺寸展开面积计算。

(3)门窗套(筒子板)龙骨、面层、基层均按设计图示饰面外围尺寸展开面积计算。

概念解析：垂直于门窗的、在洞口侧面的装饰，称为筒子板；平行于门窗的、在墙面的装饰、用来盖住筒子板和墙面缝隙的，称为贴脸。二者合在一起俗称"门套""窗套"。门窗套＝门窗贴脸＋门窗筒子板。其作用是保护和装饰门框、窗框(图 15-22、图 15-23)。

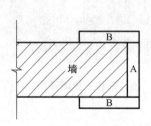

图 15-22 门套示意
其中：A 面指筒子板；B 面指贴脸

图 15-23 成品门带门窗套

(4)成品门窗套按设计图示饰面外围尺寸展开面积计算。

15.2.7 窗台板、窗帘盒、轨

(1)窗台板按设计图示长度乘宽度以面积计算。图纸未注明尺寸的，窗台板长度可按

窗框的外围宽度两边共加 100 mm 计算。窗台板凸出墙面的宽度按墙面外加 50 mm 计算。

概念解析： 窗台板（图 15-24）是木工用夹板、饰面板做成木饰面的形式，也可以用水泥、石材做成。窗台板的款式主要是从材质上来分类的，常见的材质有大理石、花岗石、人造石、装饰面板和装饰木线。

(2) 窗帘盒、窗帘轨按设计图示长度计算（图 15-25、图 15-26）。

概念解析： 窗帘盒是家庭装修中的重要部位，是隐蔽窗帘帘头的重要设施。在进行

图 15-24　窗台板

吊顶和包窗套设计时，就应进行配套的窗帘盒设计，以起到提高整体装饰效果的作用。

根据顶部的处理方式不同，窗帘盒有两种形式：一种是房间有吊顶，窗帘盒应隐蔽在吊顶内，在做顶部吊顶时就一同完成；另一种是房间未吊顶，窗帘盒固定在墙上，与窗框套成为一个整体。窗帘盒构造比较简单，施工比较容易。

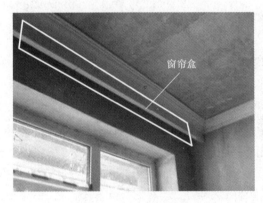

图 15-25　窗帘盒

图 15-26　带窗帘轨道的窗帘

15.2.8　门五金

(1) 木板大门带小门者（图 15-27），每樘增加 100 mm 合页 2 个、125 mm 拉手 2 个、木螺钉 30 个。

概念解析： 木门五金应包括折页、插销、门碰珠、弓背拉手、搭机、木螺钉、弹簧折页（自动门）、管子拉手（自由门、地弹门）、地弹簧（地弹门）、角铁、门轧头（地弹门、自由门）等。

(2) 钢木大门带小门者，每樘增加铁件 5 kg、100 m 合页 2 个、125 拉手 1 个、木螺钉 20 个。

图 15-27　木门大门带小门

15.3 任务实施

15.3.1 计算准备

熟悉某办公楼项目施工图纸,并结合计算规则回答以下问题:

(1)本工程门窗采用的是什么材料?门窗有几种形式?_____。

(2)本工程涉及的门窗的计算规则是什么?_____。

(3)成品套装木门安装按( )计算。

　A. 门窗洞口面积　　B. 门框面积　　C. 外围面积　　D. 数量

(4)窗台板如图所示未注明长度和宽度时,可按( )计算。

　A. 洞口宽度两边共加 150 mm,突出墙面宽度按抹灰面另加 100 mm

　B. 长度按窗框的外围宽度两边共加 100 mm,窗台板凸出墙面的宽度按墙面外加 50 mm

　C. 房间的开间长度,宽度按 330 mm

　D. 常规做法

(5)成品门窗套、门窗筒子板、花岗石门套按( )计算。

　A. 门窗洞口面积　B. 门窗框面积　C. 外围展开面积　D. 外围面积

(6)下列说法正确的是( )。

　A. 门连窗按设计图示洞口面积计算

　B. 纱门、纱窗扇按设计图示扇外围面积计算

　C. 不锈钢伸缩门按樘计算

　D. 全玻转门按设计图示玻璃展开面积计算

15.3.2 工程量计算

1. 门窗工程量(以一层为例)

各组根据图纸及计算规则,可直接确定该办公楼门窗工程量,见表 15-1。

由于施工图纸中未提供门窗大样图,所以自定义门连窗的门外框尺寸:MLC1 的门外框高 $h_1=2.2$ m,宽 $b_1=1.6$ m;MLC2 的门外框高 $h_2=2.2$ m,宽 $b_2=1.6$ m;MLC3 的门外框高 $h_3=2.2$ m,宽 $b_3=1.5$ m;MLC4 的门外框高 $h_4=2.2$ m,宽 $b_4=1.4$ m。

表 15-1 门窗工程量计算

定额编号	项目名称	计算式	单位	工程量
B4-0054	全玻璃门扇安装	2.2×1.6+2.2×1.6×5+2.2×1.5+2.2×1.4	m²	27.5

续表

定额编号	项目名称	计算式	单位	工程量
B4-0068	铝合金窗安装固定窗	(3.27×2.8+3.4×2.8×5+2.9×2.8+1.95×2.8)-27.5	m²	42.84
B4-0062	隔热断桥铝合金窗安装普通推拉窗	1.5×1.9×2+3.0×1.9×2+1.5×2.8+1.2×2.5+0.75×2.5×3	m²	29.93
B4-0013	钢制防火门安装	1.2×1.8	m²	2.16
B4-0008	隔热断桥铝合金门安装平开	1.5×2.7×2（按铝合金门窗计算规则计算）	m²	8.1

2. 软件算量验证

(1)门连窗中门工程量软件算量＝27.498 8 m²，窗工程量软件算量＝42.837 2 m²（图15-28）。

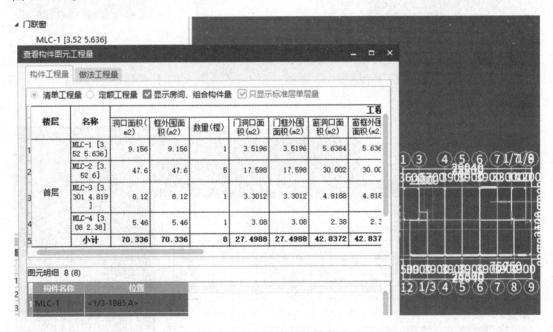

图15-28　门连窗软件算量验证

(2)铝合金推拉窗工程量软件算量＝29.925 m²（图15-29）。

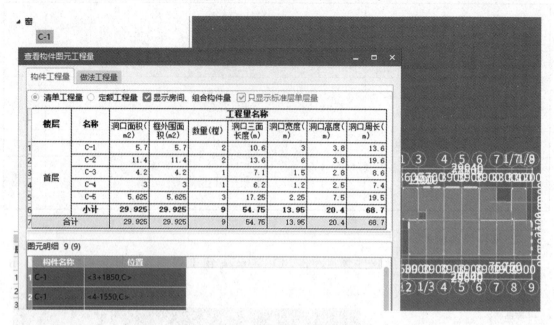

图15-29　铝合金推拉窗软件算量验证

(3)成品铝合金玻璃门工程量软件算量＝8.1 m²，防火门工程量软件算量＝8.1 m²（图15-30）。

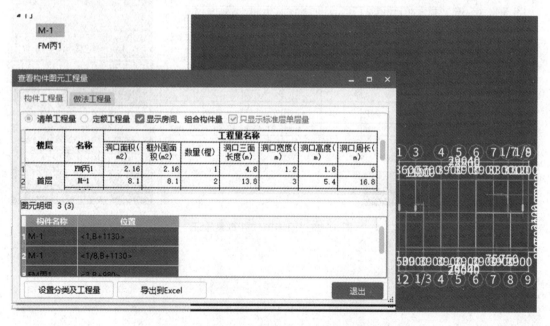

图15-30　成品铝合金玻璃门、防火门软件算量验证

15.4 任务小结

15.4.1 计算门窗工程量应注意的问题

(1)注意门窗工程项目的分类。

(2)注意计算工程量之前应明确门窗类型、材料,分别按其相应计算规则计算其工程量。

15.4.2 相关知识补充:门框与门套的区别

门框是围着门洞两边和顶上的边框,是门的架子,支撑着门扇。简单来说就是门扇四周固定在墙上的框架。门套是近年来才出现的一个词,属于装饰装修的专业,但现在也有很多人将门套和门框统称为门框,门框和门套能组合使用,也能单独使用。

门套和门框组合在一起时,通常是发挥保护和固定门扇的作用。在墙面漆工业还很落后的时候,墙角边缘经常会最先出现破损或脱落,门套的主要作用就是保护门与墙壁衔接处的位置。

门套是可以单独使用的,例如,有的房间不安装门扇,但为了美观就会安装门套,也就是常说的垭口套。通常在单独使用时叫作"垭口",和门组合使用时叫作"门套"。

现在的门套通常都是和门配套出售,也就是商家说的"套装门",包含门扇、门框、门套及配件。门套的材质有实木、金属、模压等几类,主要由与之配套的门的材质和房间风格决定。

15.4.3 课后任务

(1)完成办公楼门窗(二至四层及机房层)工程量的计算,并将计算式及结果整理至工程量计算书。

(2)在课程平台上完成本次课学习总结,并上传作业1的计算过程和结果。

【作业】 某工程铝合金组合门窗如图15-31所示,门为单扇平开门,窗为双扇推拉窗(无上亮),共35樘,计算铝合金组合门窗工程量。

(3)在课程平台上预习油漆、涂料、裱糊工程相关内容。

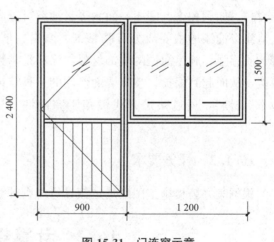

图15-31 门连窗示意

任务16
油漆、涂料、裱糊工程工程量计算

学习目标

1. 了解油漆、涂料的种类。
2. 熟练识读建筑施工图。
3. 掌握油漆、涂料、裱糊工程量的计算规则。
4. 能根据定额计算规则准确计算油漆、涂料、裱糊工程量。

16.1 任务描述

16.1.1 任务引入

油漆是涂料的旧名,泛指油类和漆类产品,在具体的涂料品种命名时常用"漆"字表示"涂料",如调和漆、底漆、面漆等。油漆可分为天然漆和人造漆两大类。建筑工程一般用人造漆,油漆的主要成分有胶粘剂、颜料、催干剂、增韧剂等。建筑涂料是一种色彩丰富、质感强、施工简便的装饰材料,涂料是指将建筑涂料涂刷于构配件表面而形成牢固的膜层,从而起到保护、装饰墙面作用的一种装饰做法。裱糊是用墙纸墙布、丝绒锦缎、微薄木等材料,通过裱贴方式覆盖于室内墙、柱、顶面及各种装饰造型构件表面的装饰工程。

16.1.2 任务要求

根据某办公楼施工图纸及定额计算规则计算油漆、涂料、裱糊工程量。

16.2 计算规则与解析

在建筑工程中,常用的油漆有调和漆、清漆、厚漆、清油、磁漆、防锈漆等。

调和漆是人造漆的一种。调和漆质地较软，均匀，稀稠适度，耐腐蚀，耐晒，长久不裂，遮盖力强，耐久性好，施工方便。调和漆可分为油性调和漆和磁性调和漆两种。以干性油为胶粘剂的色漆叫作油性调和漆；在干性油中加入适量树脂为胶粘剂的色漆叫作磁性调和漆。调和漆具有适当稠度，可以直接涂刷。

清漆是以树脂或干性油和树脂为胶粘剂的透明漆，漆膜光亮、坚固，可以透出原始本纹。

厚漆也称铅油，是在干性油中加入较多的颜料，呈软膏状，使用时需以稀释剂稀释，通常加入清油或清漆及催化剂，常用作底油。

清油是经过炼制的干性油，如熟桐油等，漆膜无色透明，常用于木门窗、木装修的面漆或底漆。

磁漆又称瓷漆，是以清漆为基料以树脂为胶粘剂的色漆，漆膜比调和漆坚硬光亮，耐久性也好，应用于室内木制品和金属物件上。

防锈漆主要可分为物理性防锈漆和化学性防锈漆两大类。前者靠颜料和漆料的适当配合，形成致密的漆膜以阻止腐蚀性物质的侵入，如铁红、铝粉、石墨防锈漆等；后者靠防锈颜料的化学抑锈作用，如红丹、锌黄防锈漆等，主要用于金属表面作防锈打底。

另外，油漆施工中常用腻子填嵌木料表面的孔洞、裂缝、节疤及披抹木材表面，干后用砂纸打磨使其平整。腻子常用石膏粉、桐油、水等调制。

1. 木门油漆工程

执行单层木门油漆的项目，其工程量计算规则及相应系数见表 16-1。

表 16-1 工程量计算规则和系数表

	项目名称	系数	工程量计算规则（设计图示尺寸）
1	单层木门	1.00	门洞口面积
2	单层半玻门（图 16-1）	0.85	
3	单层全玻门（图 16-2）	0.75	
4	半截百叶门（图 16-3）	1.50	
5	全百叶门（图 16-4）	1.70	
6	厂库房大门	1.10	
7	纱门扇	0.80	
8	特种门（包括冷藏门）	1.00	
9	装饰门扇	0.90	扇外围尺寸面积

续表

	项目名称	系数	工程量计算规则（设计图示尺寸）
10	间壁、隔断	1.00	单面外围面积
11	玻璃间壁露明墙筋	0.80	
12	木栅栏、木栏杆（带扶手）	0.90	

注：多面涂刷按单面计算工程量。

概念解析：全玻及半玻的主要区别在于门扇。全玻门扇只有上冒头、下冒头及边梃，中间全部镶玻璃（整块或分格）。半玻门扇有上冒头、中冒头、下冒头及边梃，中冒头以上（即上半部分）镶玻璃（整块或分格），中冒头以下镶木板（主要为实木板，有的木板还要企口拼接）。

 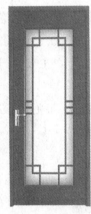  

图 16-1　半玻门　　图 16-2　全玻门　　图 16-3　半截百叶门　　图 16-4　全百叶门

玻璃间壁露明墙筋是指玻璃间壁的框，如图 16-5 所示。

图 16-5　玻璃间壁露明墙筋

2. 木扶手及其他板条、线条油漆工程

(1)执行木扶手(不带托板)油漆的项目,其工程量计算规则及相应系数见表16-2。

表16-2 工程量计算规则和系数表

	项目名称	系数	工程量计算方法（设计图示尺寸）
1	木扶手(不带托板)	1.00	延长米
2	木扶手(带托板)	2.50	
3	封檐板、博风板	1.74	
4	黑板框、生活园地框	0.50	

概念解析：楼梯栏杆的顶部，供使用者手持的部分称为扶手。在楼梯木扶手栏杆立柱顶部先焊一条通长的扁铁(钢)，将木扶手固定在上面，这就是带托板；不带托板就是扶手直接与栏杆立柱连接。带托板的更加平衡和牢固，不带托板的会随着扶手晃动使接合部逐渐放大，不如带托板的耐久。

楼梯木扶手工程量按中心线斜长计算，弯头长度应计算在扶手长度内。

封檐板又称檐口板、遮檐板，是指在檐口或山墙顶部外侧的挑檐处钉置的木板(图16-6)。

博风板即搏风，又称搏缝板、封山板，常用于古代歇山顶和悬山顶建筑(图16-7)。这些建筑的屋顶两端伸出山墙之外，为了防风雪，用木条钉在檩条顶端，也起到遮挡桁(檩)头的作用，这就是博风板。

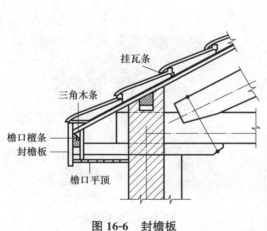

图16-6 封檐板　　　　图16-7 博风板

(2)木线条油漆按设计图示尺寸以长度计算。

3. 其他木材面油漆工程

(1)执行其他木材面油漆的项目，其工程量计算规则及相应系数见表16-3。

表 16-3　工程量计算规则和系数表

	项目名称	系数	工程量计算方法（设计图示尺寸）
1	木板、胶合板天棚	1.00	长×宽
2	屋面板带檩条	1.10	斜长×宽
3	清水板条檐口天棚(图16-8)	1.10	长×宽
4	吸音板(墙面或天棚)	0.87	长×宽
5	鱼鳞板墙(图16-9)	2.40	长×宽
6	木护墙、木墙裙、木踢脚	0.83	长×宽
7	窗台板、窗帘盒	0.83	长×宽
8	出入口盖板、检查口	0.87	长×宽
9	壁橱	0.83	展开面积
10	木屋	1.77	跨度(长)×中高×1/2
11	以上未包括的其余木材面油漆	0.83	展开面积

解析： 木护墙、木墙裙、木踢脚油漆按垂直投影面积计算。木板、胶合板天棚、清水板条檐口天棚以水平投影面积计算。

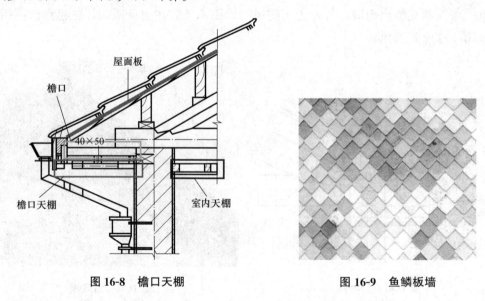

图16-8　檐口天棚　　　　图16-9　鱼鳞板墙

(2)木地板油漆按设计图示尺寸以面积计算，孔洞、空圈、暖气包槽、壁龛的开口部分并入相应的工程量。

(3)木龙骨刷防火、防腐涂料按设计图示尺寸以龙骨架投影面积计算。

(4)基层板刷防火、防腐涂料按实际涂刷面积计算。

(5)油漆面抛光打蜡按相应刷油部位油漆工程量计算规则计算。

4. 金属面油漆工程

(1)执行金属面油漆、涂料项目,其工程量按设计图示尺寸以展开面积计算。质量在500 kg以内的单个金属构件,可参考表16-3中相应的系数,将质量(t)折算为面积(表16-4)。

表16-4 质量折算面积参考系数表

	项目名称	系数
1	钢栅栏门、栏杆、窗栅	64.98
2	钢爬梯	44.84
3	踏步式钢扶梯	39.90
4	轻型屋架	53.20
5	零星铁件	58.00

概念解析:轻型(钢)屋架是指单榀重量在1 t以内,且用小型角钢或钢筋、管材作为支撑拉杆的钢屋架。常用的轻钢厂房的结构形式有门式刚架结构、网架结构、管桁架结构、框架结构、简易的角钢屋架结构等。

(2)执行金属平板屋面、镀锌薄钢板面(涂刷磷化,锌黄底漆)油漆的项目,其工程量计算规则及相应的系数见表16-5。

表16-5 工程量计算换算系数参考表

	项目名称	系数	工程量计算规则(设计图示尺寸)
1	平板屋面	1.00	斜长×宽
2	瓦垄板屋面(图16-10)	1.20	斜长×宽
3	排水、伸缩缝盖板	1.05	展开面积
4	吸气罩	2.20	水平投影面积
5	包镀锌薄钢板门	2.20	门窗洞口面积

注:多面涂刷按单面计算工程量。

图16-10 瓦垄板屋面

5. 抹灰面油漆、涂料工程

(1)抹灰面油漆、涂料(另做说明的除外)的工程量按设计图示尺寸以面积计算。

(2)踢脚线刷耐磨漆的工程量按设计图示尺寸长度计算。

(3)槽形底板、混凝土折瓦板(图16-11)、有梁板底、密肋梁板底、井字梁板底刷油漆、涂料的工程量按设计图示尺寸展开面积计算。

概念解析： 由相交的梁(主梁、次梁)和板组成的楼盖叫作肋型楼盖。密肋楼盖是由薄板和间距较小的肋梁组成的，可分为单向密肋楼

图16-11　混凝土折瓦板屋面

盖和双向密肋楼盖两种。密肋楼盖一般用于跨度大而且梁高受限制情况，当建筑的柱网尺寸为正方形或接近方形时，常采用双向密肋楼盖形式。单向密肋楼盖常用于长宽比大于1.5的楼盖，其跨度不宜大于6 m。密肋梁是指梁所围成的面积小于4 m^2 的梁(图16-12)。

图16-12　单向密肋梁

井字梁是不分主次，高度相当中的梁，同位相交，呈井字形。井字梁一般用于楼板是正方形或者长宽比小于1.5的矩形楼板中，在大厅中比较多见，梁间距为3 m左右。由同一平面内相互正交或斜交的梁所组成的结构构件称为交叉梁或格形梁。一般框架结构的梁均叫作井字梁(图16-13)。

(4)墙面及天棚面刷石灰油浆、白水泥、石灰浆、石灰大白浆、普通水泥浆、可赛银浆、大白浆等涂料的工程量按抹灰面积工程量计算规则。

(5)混凝土花格窗(图16-14)、栏杆花饰刷(喷)油漆、涂料的工程量按设计图示洞口面积计算。

图 16-13 井字梁

图 16-14 混凝土花格窗

(6)天棚、墙、柱面基层板缝粘贴胶带纸的工程量按相应天棚、墙、柱面基层板面积计算。

6. 裱糊工程

墙面、天棚面裱糊的工程量按设计图示尺寸以面积计算(图 16-15)。

图 16-15 墙面裱糊效果图

概念解析：裱糊材料的色泽和凹凸图案效果丰富，选用相应品种或采取适当的构造做法后可以使之具有一定的吸声、隔声、保温及防腐等功能，其广泛应用于酒店、宾馆及各种会议、展览与洽谈空间和居民住宅卧室等，属于中高档建筑装饰。裱糊工程的特点是装饰效果好、功能多、施工方便、维修保养简便、使用寿命长。

【**例 16-1**】 某工程尺寸如图 16-16 所示，三合板木墙裙上润油粉，刷硝基清漆 6 遍，墙面、天棚刷乳胶漆 3 遍(光面)，试计算木墙裙油漆、墙面、天棚涂料工程量。注：不增加门侧壁。

解：木墙裙刷硝基清漆工程量 = [(6.0−0.24+3.6−0.24)×2−1.0]×1.0×0.83
$$= 14.31(m^2)$$

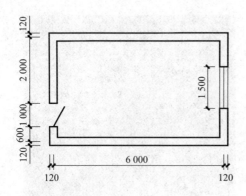
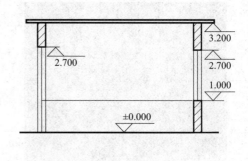

图 16-16　墙面裱糊工程

天棚刷乳胶漆工程量＝5.76×3.36＝19.35(m²)

墙面刷乳胶漆工程量＝(5.76+3.36)×2×2.2－1.0×(2.7－1.0)－1.5×1.8＝35.73(m²)

注：扣除墙裙高。

【例 16-2】　某餐厅室内装修，地面净长为 14.76 m×11.76 m，四周一砖墙上有单层钢窗(1.8 m×1.8 m)8 樘，单层木门(1.0 m×2.1 m)2 樘，单层全玻门(1.5 m×2.7 m)2 樘，门均为外开。木墙裙高为 1.2 m，窗下墙高为 900 mm，钢窗居中立樘，窗框宽为 40 mm，木门框宽为 90 mm，单向平开门开启方向与墙面平，木质窗帘盒(比窗洞每边宽 100 mm、高 300 mm)，天棚抹灰打底，以上项目均刷调和漆。试计算相应项目油漆工程量。

【解】　各个项目的工程量按各分部规则计算后乘以表列系数即得油漆工程量。

单层钢窗：1.8×1.8×8×1＝25.92(m²)

单层木门：1.0×2.1×2×1＝4.2(m²)

单层全玻门：1.5×2.7×2×0.75＝6.08(m²)

木墙裙长(扣门洞)：(14.76+11.76)×2－1.0×2－1.5×2＝48.04(m)

应扣窗洞面积：1.8×(1.2－0.9)×8＝4.32(m²)

窗洞侧壁宽度：(240－40)/2＝100(mm)＝0.1 m

应增加窗洞侧壁面积：(1.8+0.3×2)×0.1×8＝1.92(m²)

门洞侧壁宽度：240－90＝150(mm)＝0.15 m

应增加门洞侧壁面积：(1.2×2)×0.15×(2+2)＝1.44(m²)

则木墙裙油漆面积工程量：(48.04×1.2－4.32+1.92+1.44)×0.83＝47.05(m²)

木质窗帘盒(比窗洞每边宽 100 mm)：S＝(1.8+0.1×2)×0.3×8×0.83＝3.98(m²)

天棚油漆工程量：14.76×11.76＝173.58(m²)

16.3 任务实施

16.3.1 计算准备

熟悉某办公楼项目施工图纸，并结合计算规则回答以下问题：
(1)本工程有哪些油漆、涂料项目？_____。
(2)本工程涉及的油漆、涂料项目的计算规则是什么？_____。
(3)下列说法正确的是(　　)。
  A. 木线条油漆按设计图示尺寸以长度计算
  B. 木踢脚油漆按设计图示尺寸以长度计算
  C. 踢脚线刷耐磨漆按设计图示以面积计算
  D. 有梁板底、密肋梁板底、井字梁板底刷油漆、涂料按设计图示以水平投影面积计算
(4)下列说法错误的是(　　)。
  A. 墙面、天棚面裱糊按设计图示尺寸以面积计算
  B. 混凝土花格窗、栏杆花饰刷(喷)油漆、涂料按设计图示以洞口面积计算
  C. 木地板油漆按设计图示尺寸以面积计算，孔洞、空圈、暖气包槽、壁龛的开口部分不计
  D. 单层木门油漆按门洞口面积计算

16.3.2 工程量计算

油漆工程量以二层为例。各组根据图纸及计算规则，可直接确定该办公楼油漆工程量，见表16-6。

注：内装修工程采用的油漆涂料为乳胶漆，其工程量已在任务13墙面工程量中计算过，此处不再重复计算。

表16-6 油漆工程量计算

定额编号	项目名称	计算式	单位	工程量
B5－0004	单层木门刷底油、调和漆2遍，醇酸磁漆1遍	$1.0 \times 2.1 \times 10 + 0.9 \times 2.1 \times 2 + 1.5 \times 2.1 \times 2$	m²	31.08
B5－0183	金属面醇酸磁漆2遍(护窗栏杆)	$[(7.8+3.9+0.8 \times 2)+2.47+0.24+(2.6+0.24) \times 4+2.4] \times 0.8$	m²	23.82
B5－0183	金属面醇酸磁漆2遍(楼梯栏杆)	$[(2.972+1.952)1/2 \times 6+(0.16+0.2) \times 5+(3.6-0.24)/2+(0.16/2+0.1)] \times 0.8$	m²	14.75

续表

定额编号	项目名称	计算式	单位	工程量
B5—0081	木扶手不带托板满刮腻子、底漆2遍，聚酯色漆2遍	19.98	m	19.98

16.4 任务小结

16.4.1 计算油漆、涂料、裱糊工程工程量应注意的问题

(1)注意油漆、涂料、裱糊项目的基层材料是什么，不同的基层材料对应的计算规则也不同。

(2)注意在计算油漆、涂料、裱糊工程工程量时所乘的系数。

(3)注意特殊位置或构件在计算工程量时的增加或扣减关系。

16.4.2 课后任务

(1)完成办公楼剩余室内外露明金属件油漆工程量的计算，并将计算式及结果整理至工程量计算书。

(2)在课程平台上完成本次课学习总结，并上传作业的计算过程和结果。

(3)在课程平台上预习其他装饰工程相关内容。

任务 17

其他装饰工程工程量计算

学习目标

1. 了解其他装饰工程的工艺流程。
2. 熟练识读建筑施工图。
3. 掌握其他装饰工程工程量的计算规则。
4. 能根据定额计算规则准确计算其他装饰工程工程量。

17.1 任务描述

17.1.1 任务引入

其他装饰工程是指与建筑装饰工程相关的柜类、货架、装饰线、浴室配件、招牌、灯箱、美术字、室内零星装饰等。本任务涵盖内容繁多且构造多样,需认真了解后,才能掌握各分项工程的工程量计算规则。

17.1.2 任务要求

根据定额计算规则完成课后任务。

17.2 计算规则与解析

17.2.1 柜类、货架

柜类、货架工程量按各项目计量单位计算。其中以"m²"为计量单位的项目,其工程量均按正立面的高度(包括脚的高度在内)乘以宽度计算。

解析： 柜类按高度可分为高柜（高度＞1 600 mm）、中柜（900 mm＜高度≤1 600 mm）、低柜（高度≤900 mm）；按类型和用途可分为衣柜、书柜、厨房壁柜、货架、吧台背柜、酒柜、存包柜、资料柜、鞋柜、电视柜、厨房吊柜、床头柜、行李柜、梳妆台、服务台、收银台、柜台等。

厨房壁柜和厨房吊柜以嵌入墙内为壁柜，以支架固定在墙上的为吊柜。

17.2.2 压条、装饰线

(1)压条、装饰线条按线条中心线长度计算。
(2)石青角花、灯盘按设计图示数量计算。

解析： 压条、装饰线均按成品安装考虑。装饰线依托体的材料叫作基层类型，如砖墙、木墙、石墙、混凝土墙、墙面抹灰、钢支架等。

17.2.3 扶手、栏杆、栏板装饰

扶手、栏杆、栏板项目(护窗栏杆除外)适用于楼梯、走廊、回廊及其他装饰性扶手、栏杆、栏板。扶手、栏杆按形状，可分为直线栏杆、弧形栏杆、螺旋形栏杆；按材料，可分为铝合金栏杆、铸铁花件栏杆、扁铁花件栏杆、不锈钢栏杆、黄铜管栏杆等(图17-1、图17-2)。

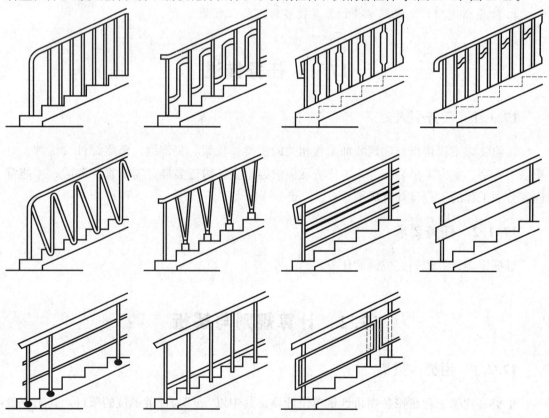

图17-1 常见栏杆类型

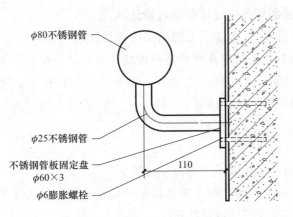

图 17-2　不锈钢管靠墙扶手示意

(1)扶手、栏杆、栏板、成品栏杆(带扶手)均按其中心线长度计算,不扣除弯头长度。如木扶手、大理石扶手为整体弯头,扶手消耗量需扣除整体弯头的长度,设计不明确者,每只整体弯头按 400 mm 扣除。

(2)单独弯头按设计图示数量计算。

【例 17-1】　某住宅楼有等高的 12 跑楼梯,采用不锈钢管扶手栏杆,每跑楼梯高为 1.6 m,每跑楼梯扶手水平长为 3.40 m,扶手转弯处为 0.30 m,最后一跑楼梯连接的安全栏杆水平 1.25 m,求该扶手栏杆工程量。

【解】　不锈钢扶手栏杆工程量$=(1.6^2+3.4^2)^{1/2}\times 12+0.3\times 11+1.25=49.64$(m)

弯头$=12-1=11$(个)

17.2.4　暖气罩

暖气罩(包括脚的高度在内)按边框外围尺寸垂直投影面积计算,成品暖气罩安装按设计图示数量计算。

解析:挂板式是指暖气罩直接钩挂在暖气片上;平墙式是指暖气片凹嵌入墙中,暖气罩与墙面平齐;明式是指暖气片全凸或半凸出墙面,暖气罩凸出于墙外。

17.2.5　浴厕配件

(1)大理石洗漱台按设计图示尺寸以展开面积计算,挡板、吊沿板面积并入其中,不扣除孔洞、挖弯、削角所占面积。

解析:洗漱台设置洗面盆的地方必须挖洞,根据洗漱台摆放的位置有些还需选形,产生挖弯、削角,为此洗漱台的工程量按外接矩形计算。洗漱台现场制作,切割、磨边等人工、机械的费用应包括在报价内。

挡板是指镜面玻璃下边沿至洗漱台面和侧墙与台面接触部位的竖向挡板(一般挡板与台面使用同种材料品种,不同材料品种应另行计算)。吊沿是指台面外边沿下方的竖向挡板。

(2)大理石台面面盆开孔按设计图示数量计算。

(3)盥洗室台镜(带框)、盥洗室木镜箱按边框外围面积计算。

解析：镜面玻璃和灯箱的基层材料是指玻璃背后的衬垫材料，如胶合板、油毡等。

(4)盥洗室塑料镜箱、毛巾杆、毛巾环、浴帘杆、浴缸拉手、肥皂盒、卫生纸盒、晒衣架、晾衣绳等按设计图示数量计算。

17.2.6 雨篷、旗杆

(1)雨篷按设计图示尺寸水平投影面积计算。

解析：铝塑板、不锈钢面层雨篷项目按平面雨篷考虑，不包括雨篷侧面。

(2)不锈钢旗杆按设计图示数量计算。

解析：旗杆项目按常用做法考虑，未包括旗杆基础、放杆台座及其饰面。

(3)电动升降系统和风动系统按套数计算。

17.2.7 招牌、灯箱

(1)柱面、墙面灯箱基层，按设计图示尺寸以展开面积计算。

解析：基层材料一般有不锈钢、铝合金、木材或其他；面层包括有机玻璃、玻璃、不锈钢、胶合板、铝塑板、灯箱布、灯片等。支架可分为钢支架、户外钢支架、不锈钢支架或其他。

(2)一般平面广告牌基层，按设计图示尺寸以正立面边框外围面积计算。复杂平面广告牌基层，按设计图示尺寸以展开面积计算。

解析：一般平面广告牌的正立面平整，无凹凸面造型；复杂平面广告牌的正立面有凹凸面造型。

(3)箱(竖)式广告牌基层，按设计图示尺寸以基层外围体积计算。

解析：箱(竖)式广告牌是指具有多面体的广告牌。

(4)广告牌面层，按设计图示尺寸以展开面积计算。

17.2.8 美术字

美术字按设计图示数量计算。

解析：美术字的基层类型是指美术字依托的材料，如砖墙、木墙、石墙、混凝土墙、墙面抹灰、钢支架等。

美术字不分字体，按字体规格分类，字体规格以字的外接矩形长、宽和字的厚度表示。

固定方式是指粘贴、焊接及钢钉、螺栓、铆钉固定等方式。

17.2.9 石材、瓷砖加工

(1)石材、瓷砖倒角按块料设计倒角长度计算。

(2)石材磨边按成型圆边长度计算。
(3)石材开槽按块料成型开槽长度计算。
(4)石材、瓷砖开孔按成型孔洞数量计算。

17.3 任务实施

(1)大理石洗漱台按( )计算。
    A. 以台面投影面积计算，扣除孔洞面积
    B. 以台面投影面积计算，不扣除孔洞面积
    C. 以台面实际面积计算，不扣除孔洞面积
    D. 以台面实际面积计算，扣除孔洞面积

(2)下列说法正确的是( )。
    A. 平面广告牌基层按正立面面积计算
    B. 箱体广告牌和竖式广告牌的基层按外围面积计算
    C. 收银台、试衣间按展开面积计算
    D. 石材的磨半圆边、台面开孔已包含在定额内，不再计算

(3)其他工程工程量计算，下列说法不正确的有( )。（多选）
    A. 沿雨篷、檐口、阳台走向的立式广告牌基层，按展开面积计算
    B. 暖气罩按边框外围尺寸(不包括脚的高度在内)垂直投影面积计算
    C. 美术字安装按个计算
    D. 柜台、展柜、鞋柜按个计算
    E. 大理石台面面盆开孔按设计开孔面积计算

17.4 任务小结

17.4.1 计算其他工程量应注意的问题

(1)注意其他工程项目的分类。
(2)明确各项目工程量计算规则，准确计算工程量。

17.4.2 课后任务

(1)在课程平台上完成本次课学习总结。
(2)在课程平台上预习措施项目工程。

任务 18 装饰工程措施项目工程量计算

学习目标

1. 熟悉垂直运输、超高增加费的使用说明。
2. 熟练识读建筑施工图。
3. 掌握垂直运输、超高工程量的计算规则。
4. 能够正确计算建筑装饰工程垂直运输、超高工程量。

18.1 任务描述

18.1.1 任务引入

装饰工程措施项目是指为了完成工程施工，发生于该工程施工过程中的非工程实体项目，如垂直运输和超高施工等。垂直运输是指装饰装修工程在合理工期内所需要的垂直运输机械，在现场用于垂直运输的机械主要有塔式起重机、龙门架（井字架）物料提升机和外用电梯。

高度在 20 m 以上的单层建筑和 6 层（不含地下室）以上的多高层建筑物，其降效应增加的人工、机械及有关费用，执行建筑物超高增加费定额项目。

本任务中垂直运输、超高增加费项目，是按同一檐高的一个整体工程建筑面积计算的，同一建筑物有不同檐高时，按建筑物的不同檐高纵向分割，分别计算建筑面积，并按各自的檐高执行相应项目。

18.1.2 任务要求

根据定额计算规则完成课后任务。

18.2 计算规则与解析

本任务计算规则适用于单独承包的建筑物装饰装修工程。

18.2.1 垂直运输

装饰装修楼层(包括楼层所有装饰装修工程量)区别不同的建筑物高度(单层建筑物系檐口高度)按定额工日分别计算。

解析： 本规则不包括特大型机械进出场及安拆，其另按相应项目执行。垂直运输高度是指室外地坪至相应楼面的高度。檐口高度在3.6 m以内的单层建筑物，不计算垂直运输机械费。利用室内电梯或通过楼梯人力进行垂直运输的不执行本规则，应按实际发生额计算。

18.2.2 超高增加费

装饰装修楼面(包括楼层所有装饰装修工程量)区别不同的建筑物高度(单层建筑物系檐口高度)，以人工费与机械费之和计算。

解析： 建筑物层高按2.8~3.6 m编制。建筑物檐高以设计室外地坪至檐口的高度(平屋面指屋面板顶高度，坡屋面指屋面平均高度)为准，凸出屋面的电梯间、水箱间、楼梯间不计算檐高。

18.3 任务实施

(1)什么是垂直运输费和超高增加费？_____。
(2)什么情况下需要计取垂直运输费？_____。
(3)什么情况下需要计取超高增加费？_____。
(4)本计算规则中的建筑物层高是按规定的多少来编制的？_____。

18.4 任务小结

18.4.1 计算措施项目工程量应注意的问题

(1)注意建筑物檐高的确定。
(2)注意措施项目工程计算规则的使用条件和范围。
(3)垂直运输的工日工程量是所有装饰项目套用定额子目后的工日数合计，超高增加费的人工费与机械费之和，也同样是所有装饰项目套用定额子目后的人工费与机械费合计，这部分内容不在本学期学习，所以，垂直运输工程量和超高增加费暂时不计算。

18.4.2 课后任务

在课程平台上完成本次课学习总结。

附录 《BIM 建筑工程计量》配套图纸

×××建筑设计院有限公司		图纸目录		工程号	图别
					建施
				共1张	第1张
工程名称	办公楼			填写人	
				设计日期	
序号	设计图号	图名	图幅	备注	
1	建施-01-1	建筑施工图设计说明（一）	A2		
2	建施-01-2	建筑施工图设计说明（二）	A2		
3	建施-01-3	工程做法	A2		
4	建施-02	一层平面图	A2		
5	建施-03	二、三层平面图	A2		
6	建施-04	四层平面图	A2		
7	建施-05	屋顶层平面图	A2		
8	建施-06	①~⑨轴立面图	A2		
9	建施-07	⑨~①轴立面图	A2		
10	建施-08	ⓒ~Ⓐ轴立面图、Ⓐ~ⓒ轴立面图	A2		
11	建施-09	1—1剖面图	A2		
12	建施-10	1#楼梯间平面图	A2		
13	建施-11	1#楼梯间a—a剖面图	A2		
14	建施-12	2#楼梯、电梯间平面图	A2	未提供	
15	建施-13	2#楼梯间b—b剖面图、电梯间剖面图	A2	未提供	
16	建施-14	1#卫生间大样图、门窗表	A2		
17	建施-15	节点详图一	A2		
18	建施-16	节点详图二	A2		
19	建施-17	节点详图三	A2		
20	建施-18	节点详图四	A2		
21	建施-19	节点详图五	A2		
22	建施-20	节点详图六	A2		
23	建施-21	门窗大样图	A2	未提供	

建筑施工图设计说明（一）

1. 设计依据
1.1 由甲方提供的1:1 000现状地形图。
1.2 经甲方同意的方案设计文件。
1.3 《民用建筑设计统一标准》（GB 50352—2019）。
1.4 《办公建筑设计标准》（JGJ/T 67—2019）。
1.5 《建筑设计防火规范(2018年版)》（GB 50016—2014）。
1.6 现行国家有关设计规范、规程和规定（含当地规程和规定）。

2. 项目概况
2.1 项目名称：某有限公司新办公楼项目。
2.2 建设地点：某市某镇。
2.3 建设单位：某有限公司。
2.4 总用地面积：2 513.2 m²；建筑基底面积：703.33 m²。
2.5 办公楼建筑面积：2 901.78 m²。
2.6 各层层数：地下：0层，地上：4层。
2.7 建筑物总高度：15.75 m。
2.8 建筑物耐火等级：二级；建筑合理使用年限：50年。
2.9 建筑结构形式：框架结构，建筑抗震设防烈度：6度。
2.10 本工程图内容不包括人防设计、特殊构造、景观设计、精装修及节能等。

3. 设计标高
3.1 本工程设计标高±0.000相当于绝对高程5.500，室内外高差150 mm。
3.2 各层标注标高为完成面标高（建筑面层标高），屋顶标高为结构面标高。
3.3 尺寸及标注高度详见各层平面图。

4. 尺寸单位定义
4.1 本工程图纸除特别说明外，总图尺寸及标高单位为米（m），其余均为毫米。
4.2 尺寸均以标注为准，不得比例缩放作为施工依据。

5. 墙体工程
5.1 本工程基础部分见结构图。
5.2 墙体外墙为240 mm，外墙护壁及公共外墙为240 mm，内隔墙厚度分别为240 mm和120 mm。
5.3 除图中特别标注外墙的砌体，混合砂浆等级为M7.5，户内墙多为MU10，预拌混合砂浆强度等级为M7.5。其构造做法详见《页岩砖多页孔砖》（DB63/T 868—2010）。
5.4 非承重钢筋混凝土外墙及卫生间隔墙体采用MU10，混合砂浆等级为M7.5，墙板构造详见《蒸压加气混凝土砌块应用技术规程》（13J104），浙江省《蒸压加气混凝土制品应用技术标准》（DB33/T 1027—2018）和《蒸压加气混凝土制品应用技术标准》（JGJ/T 17—2020）。

5.5 非承重内墙采用加气混凝土砌块（强度级别为A3.5，体积密度级别为B05，专用混合砂浆强度等级为Mb5.0，其地方规程和技术要求详见国家建筑设计标准图集《蒸压加气混凝土砌块》板材构造）（13J104），浙江省《蒸压加气混凝土制品应用技术标准》（DB33/T 1027—2018）和《蒸压加气混凝土制品应用技术标准》（JGJ/T 17—2020）。
5.6 建筑图中注明采用"轻质隔断"（条板或夹芯石膏板墙）的隔墙应，要求其施工技术要求详见相关技术资料。
5.7 墙身防潮层：在室内地坪下60 mm处用防水砂浆（在此标高为钢筋混凝土构造处或下为加20 mm厚1:2水泥砂浆内加5%防水剂的防潮层，当室内地坪变化处，防潮层应加厚。并在南依差埋土一侧墙身做1:2聚合水泥砂浆或其他防潮材料（或非承重墙体）20 mm厚1.5 mm聚氨酯防水涂料，防潮层应与非防潮外墙搭接，垂直延伸不小于1 m，详见11J930《住宅建筑构造》。

5.8 墙留洞封及封堵
（1）钢筋混凝土墙留洞及封堵见建筑图和设备图。
（2）砌体墙留洞封见建筑施工图。
（3）砌体墙墙依梁过墙见结构施工说明。
（4）预留管道封墙：混凝土墙留洞墙和砌体墙封堵，其各向封堵做法，留洞墙封堵。
留洞封堵：设备安装完毕后，应分别用预拌干混砌筑砂浆或防火岩棉塞；双层墙面封堵，应用C20细石混凝土填实。套管与穿墙之间的变形缝处应做双面封堵。
5.9 本工程所有砂浆采用预拌砂浆，预拌砂浆施工与质量验收应满足《预拌砂浆应用技术规程》（JG/T 223—2010）相关规定。

6. 室内工程
室内防水：见"室内装修做法表"中需要防水的地面和墙面的做法，穿楼板管道应按照施工和要求预埋止水套管。凡设有地漏的房间，均应在地漏周围1 m范围内做坡向防水，图中未注明的整个房间的漏，设在房间门洞处做地坡或做沿地口1%泛水做地面门洞向房间1%~2%坡度防水，露台向房间外做1%坡度；不凸出地面30 mm（无障碍地漏）或做沿地门槛、排水量大的排水沟设集水，设个向同1%做坡度。

7. 屋面工程
7.1 本工程的屋面防水等级为Ⅰ级。详见做法详见"工程做法"。
7.2 屋面、露台、雨篷做法详见相关图集及本层平面图。

7.3 屋面排水组织详见屋面平面图，内排水雨水管采用UPVC，雨水管外排见水施图，外排雨水管径均为DN100。
7.4 屋面雨水立管上方各设备基础应做详见《平屋面建筑构造》（12J201）。

8. 门窗工程
8.1 本工程建筑外门窗详见《建筑外窗气密、水密、抗风压性能检测方法》（GB/T 7106—2019）；抗风压性能分级为2级；气密性能分级为6级；水密性能分级为3级；隔声性能（R_w/C_{tr}）不小于25 dB。
8.2 门窗玻璃的选用应满足《建筑玻璃应用技术规程》（JGJ 113—2015），《建筑玻璃管理规定》（DB33/1064—2009）及地方有关规定，有地方规定实行的，满足地方规定要求。门窗部位的全面玻璃，门窗加工与安装应按照建筑设计的有关规定。
8.3 门窗立面表示为开启扇的开启方向，门窗型号以门窗表尺寸、门窗加工后由门窗承包商调整。
8.4 门窗立樘：双向开门立樘详见墙身节点，在门窗立樘中，单向开门内立方开时与墙面平，外向开时与外墙面平；窗立樘，有明窗台者立；另加立；设门设立槛；窗明窗。
8.5 本工程所有铝合金门窗使用铝合金型材，其规格及壁厚度按与设计计算进行选择，其规格不满足70系列，最小壁厚：窗≥1.4 mm，主要受力杆件型材最小实测壁厚≥2.0 mm；玻璃幕墙按有关规定。
8.6 门窗选料、颜色、五金品牌等由施工单位进行材料，门窗五金件均应付闭切相应国家现行标准及门窗表附注、组合窗品及连合窗图型及要求。
8.7 防火墙面应设有防火门防火墙散热的平行开启防火门及顺序门上防火门及面。
常开防火门应设置防火门防火电控控制系统和反馈装置。

9. 外装修
9.1 外装修做法和索引详见立面图及外墙做法。
9.2 承包商二次进行深化设计，装饰物等，经设计单位确认后合按图施工。
9.3 设计外保温墙面见建筑构造详图，外墙详见建筑施工单位工程要。
9.4 外装选用各类材料，其材质、规格、颜色等均由设计单位建设单位、设计单位、施工单位共同认定后方可进行施工，并报监理验收。
提供样板，经监理建设单位、设计单位确认后方可进行施工，并报监理验收。

工程名称	办公楼	图别	建施
图名	建筑施工图设计说明（一）	编号	01-1

建筑施工图设计说明（二）

10. 室外工程（室外设施）

10.1 散水坡度反坡做600 mm，60 mm厚C20混凝土垫1:1水泥砂浆压实抹光厚筑脚交接处反坡做6 m内设20 mm宽伸缩缝，用胶泥嵌缝；150 mm厚素土夯实（向外找5%）。

10.2 水挡槽、外挡踏步、散水、室外台阶、散水、排水沟等水带明沟、庭院围墙、围墙门及围墙门垛小院沿等做法详见"工程做法"或相应国标做法。

10.3 其他工程由由国标图集标准化设计成另行设计。

11. 内装修

11.1 内装修工程执行《建筑内装修设计规范》（GB 50222—2017），楼地面部分水执行《建筑地面工程施工质量验收规范》（GB 50209—2010）。

11.2 楼地面交接处变标高和地坪高度变化处，均位于关闭门扇平面内开启。

11.3 内装修选用的各项材料，均按此表进行封样，并按此进行验收。

12. 油漆、涂料工程

12.1 室外油漆除注明外均选用外墙涂料，油漆选用黑色醇酸磁漆，做法参见《工程做法》（21J909）。

12.2 木门窗框涂刷棕色聚酯磁漆，做法参见《工程做法》（21J909）（含门窗框）。

12.3 楼梯、平台、护防栏杆等外露铁件用油漆，做法参见《工程做法》（21J909）。

12.4 木扶手油漆，做法参见《工程做法》（21J909）。

12.5 室内外各水露铁件金属件均刷防锈漆二度后，再做油漆面饰，做法参见《工程做法》（21J909）。

12.6 各项油漆均由施工单位与设计师协商，经确认后可进行制作样板，并据此后进行验收。

13. 建筑设备、设施

13.1 本工程电梯（自动扶梯、自动人行道）暂按×××电梯有限公司产品设计、选型（详见电梯、自动扶梯、自动人行道）造型及大样。

13.2 卫生器具、灯具、自动扶梯对建筑断面影响美观效果的器具要求详见建筑图。

13.3 灯具等安装由建设单位与设计师认真复核后方可进行批量加工、安装。

14. 消防设计

14.1 本工程属于民用建筑，建筑层数为4层，建筑高度15.75 m，执行《建筑设计防火规范》（GB 50016—2014）。

14.2 建筑物间同距及消防车道的设置详见总平面图。

14.3 防火分区、建筑构造：

（1）建筑防火分区：一层为防火分区，二、三、四层为防火分区二。

（2）每层设置2个消防安全出口。

14.4 疏散楼梯、窗宽墙高度最小1.2 m，且为不燃烧体材。

疏散楼梯、疏散楼梯形式：普通楼梯；数量：2个/层；宽度：1#楼梯间梯段宽度为1.6 m，2#楼梯间梯段最大距离为20.18 m，其疏散楼梯门净宽度≥0.9 m。

（1）疏散楼梯形式及数量：2个/层；宽度：1#楼梯间梯段宽度为1.45 m；

（2）户门至最近楼梯间门的最大距离为20.18 m，其疏散楼梯门的净宽度≥0.9 m。

14.5 金属构件外露部分，必须加强防火保护层，其耐火极限不低于《建筑设计防火规范》（GB 50016—2014）规定的相应建筑构件的耐火等级要求。

14.6 除正压送风、排风、排烟、排油烟气外的所有管道穿越墙体时必须每层封堵。具体做法：待楼板施工完毕后在楼板底钢筋网片焊牢，并沿井道宽度当中设置焊牢，或沿井道上缘四周用$\phi10$膨胀螺栓固定200 mm×5 mm的钢片留留焊网片中心焊牢，螺栓中心间距不大于350 mm，或沿井道两侧墙体内预埋50 mm厚度尺寸为0.5 mm×10 mm×10 mm，钢丝网片间距不小于$\phi8@200$双向钢筋网片水泥浆定，以$\phi6@200$双向钢筋网片水泥浆固。

14.7 防火墙位必须提供本本设计图不燃材料，卷帘卷动上部必须安装能承重荷载，构件上部可不封闭，顶棚内部可不封闭。

14.8 变形缝处当水管水线穿变型缝时，其套管材料填嵌应严密，防止水管在地面，墙面、顶棚处通过变形缝时，其套管材料填嵌严实，防止水火变变。

14.9 本工程选用的防火门，防火卷帘应向消防部门报批方可可订货。

14.10 防火卷帘应安装在本设计规定的承重构件上，卷帘上部与楼板之间的空隙，必须用不燃材料填嵌严密，防止火火火灾发展。

14.11 门厅、隔墙、轻质隔墙等装修饰面材料应采用不燃材料，必须采用相应可达到设计防火极限要求的材料。其他材料应可用相应所相应防火极限要求的材料。

14.12 本建筑属于民用建筑，所有室内不得经营、存放和使用火灾危险性等级为甲、乙类的物品及有毒有害物品。

15. 其他施工注意事项

15.1 本工程外墙面的幕墙体、铝合金窗（门）及金属板应的幕墙等干挂石材饰面，采光天窗等须经设计、所绘制的有关图必须经设计图纸及设计单位审核后方可施工，并清加工宽度对室安装支架及设密闭各规要求的风荷载计算（包括玻璃幕墙、固定窗门格等）。

15.2 空调机房、通风机房、电梯井道、机房等设置有效措施，并应合相关专业的设置有效措施，详见有关专业设计。

15.3 图中所选用国标图集标中所有构件中对对构件的预埋件、预留洞、如楼板、平台板栏杆、门、窗配件等，建筑配合专业工程的密切配合专业设计，确认无误方可施工。

15.4 各类管穿过墙面时，施工时必须严格按各种图的预留孔洞，混凝土构件或墙体内，如需预留改后穿、楼板、梁、柱、屋面板等，在凝土工程完工后按设计要求进行开凿开洞工作，而未预留打凿的位置、尺寸可以结构图为准。

15.5 建筑平面图中结构性构件的位置，未特别明标注时，若未注明的均有。

15.6 阳台、走廊栏杆均采用垂直栏杆，未特别注明不应大于110 mm。

15.7 内廊现采用玻璃纤维网格，或彩钢网格，露明铁件均做防锈处理。

15.8 屋面采用贴邻墙体面做防水构造详见《住宅建筑屋面工程做法》（11J930）第8页。

15.9 本工程未现屋面防水构造详见《平屋面建筑构造》（12J201）"屋面工程"。

15.10 本设计图纸未注明部分见施工验收规范及国标图。

15.11 二次设计（门窗、幕墙、轻钢骨架等）须设计单位的确认。

15.12 本图纸已经设计专业相关会同、施工各方认真的对审，不得擅自意见、施工过程中设法和设计单位协商，不得擅自变更，变改。

15.13 施工前必须须读图纸认真组织会审，施工中应严格按执行国家现行各项施工质量验收规范。

工程名称	办公楼	图别	建施
图名	建筑施工图设计说明（二）	编号	01-2

工程做法

坡道——花岗岩(粗糙面)
(1) 30厚花岗岩板材(粗糙面)
(2) 30厚1:3干硬性水泥砂浆粘合层
(3) 素水泥浆一道(内掺建筑胶)
(4) 100厚C20混凝土垫层
(5) 150厚碎石夯实
(6) 素土夯实

台阶——花岗岩(酒退重面木)
(1) 30厚花岗岩板面(酒退重面木)
(2) 30厚1:3干硬性水泥砂浆粘合层
(3) 素水泥浆一道(内掺建筑胶)
(4) 100厚C20混凝土垫层
(5) 150厚碎石夯实
(6) 素土夯实

地面 1：防滑地砖面(粗糙面)
(1) 10厚彩色地砖面,干水泥擦缝
(2) 撒素水泥面,洒水泥浆结合层
(3) 20厚1:3干硬性水泥砂浆找平层
(4) 1.5厚聚氨酯防水涂膜(阴角处,周边上翻不小于300)
(5) 最薄处20厚C20细石混凝土找坡层,找坡,墙边四周找坡,从四周向地漏
(6) 素水泥浆一道(内掺建筑胶)
(7) 钢筋混凝土楼板,表面扫净

地面 2：花岗岩
(1) 20厚600×600花岗岩
(2) 撒素水泥面,洒水泥浆结合层
(3) 20厚1:2.5水泥砂浆粘合层
(4) 现浇钢筋混凝土楼板

地面 3：花岗岩
(1) 10厚彩色釉面砖面
(2) 20厚1:2.5水泥砂浆
(3) 素水泥浆一道
(4) 100厚C20混凝土垫层
(5) 150厚碎石夯实
(6) 素土夯实

楼面 1：彩色釉面砖(300×450)
(1) 10厚彩色釉面砖,干水泥擦缝,白水泥擦缝
(2) 撒素水泥面,洒水泥浆结合层
(3) 20厚1:2.5水泥砂浆
(4) 素水泥浆一道
(5) 现浇钢筋混凝土楼板

楼面 2：防滑地砖面(粗糙面)
(1) 10厚彩色地砖面,干水泥擦缝,表面涂水泥粉
(2) 20厚1:3干硬性水泥砂浆粘合层
(3) 素水泥浆一道(内掺建筑胶)
(4) 1.5厚聚氨酯防水涂膜(周边上翻≥300)
(5) 最薄处20厚C20细石混凝土找坡层
(6) 素水泥浆一道(内掺建筑胶)
(7) 钢筋混凝土楼板,表面扫净

楼面 3：花岗岩
(1) 20厚600×600花岗岩面
(2) 撒素水泥面,洒水泥浆结合层
(3) 20厚1:2.5水泥砂浆
(4) 现浇钢筋混凝土楼板

楼面 4：水泥砂浆
(1) 20厚1:2.5水泥砂浆
(2) 素水泥浆一道
(3) 现浇钢筋混凝土楼板

踢脚 1：花岗岩
(1) 10厚800×800彩色面砖,干水泥擦缝
(2) 15厚1:2水泥砂浆
(3) 素水泥浆一道

踢脚 2：花岗岩
(1) 10厚1:2.5水泥砂浆打底,扫毛或划出纹道
(2) 15厚1:2水泥砂浆
(3) 素水泥浆一道

踢脚 3：水泥砂浆
(1) 面砖墙面(高度见室内"装修总表"中备注)
(2) 15厚1:2水泥砂浆打底,扫毛或划出纹道
(3) 9厚1:0.5:2.5水泥石灰砂浆打底扫平
(4) 5厚1:0.2:2.5水泥石灰膏砂浆垫平
(5) 素水泥浆一道
(6) 界面剂一道

内墙 1：面砖墙面
(1) 白色彩色墙砖(颜色另定)
(2) 5厚1:2.5水泥砂浆
(3) 9厚1:0.3:2.5水泥石灰砂浆打底扫平
(4) 8厚1:1:6水泥石灰砂浆打底扫毛或划出纹道
(5) 界面剂一道

内墙 2：釉面砖面(有防水层)
(1) 白水泥擦缝
(2) 5厚瓷面砖面(粘贴前砖浸水并晾干)
(3) 4厚强力胶粉泥粘合层,揉挤压实
(4) 1.5厚聚氨酯防水涂膜(阴角处,周边上翻不小于300从四周向地漏)
(5) 9厚1:0.5:2.5水泥石灰膏砂浆打底扫平
(6) 8厚1:1:6水泥石灰砂浆打底扫毛或划出纹道
(7) 界面剂一道

外墙 1：高弹外墙涂料外墙面
(1) 1米泥浆勾缝
(2) 8厚变形外墙涂料面砖涂5厚粘结剂
(3) 5厚1:2.5水泥砂浆打底扫毛或划出纹道
(4) 素水泥浆一道(内掺建筑胶)
(5) SN聚合物抗裂剂

外墙 2：文化石外墙涂料
(1) 文化石外墙面砖
(2) 5厚1:2.5水泥砂浆打底扫毛或划出纹道
(3) 素水泥浆一道(内掺建筑胶)
(4) 12厚1:3水泥砂浆打底扫毛或划出纹道
(5) 素水泥浆一道(内掺建筑胶)
(6) SN聚合物抗裂剂

外墙 3：面砖外墙涂料面涂料
(1) 双组份外墙涂料面涂料一道
(2) 再涂抹底漆乳胶腻子一遍
(3) 涂抹底漆一遍
(4) 5厚1:2.5水泥砂浆打底扫毛或划出纹道
(5) 12厚1:3水泥砂浆打底扫毛或划出纹道
(6) SN聚合物抗裂剂

外墙 4：石面漆
(1) 仿石面涂料
(2) 著色剂
(3) 树脂底涂料

屋面 1：(不上人平屋面)
(1) 40厚C20砂石混凝土随捣随抹,内配φ6双向150双向钢筋
(2) 0.8厚卷材布再隔两层
(3) 3厚SBS改性沥青聚酯胎基防水卷材(聚酯胎基)
(4) 1.5厚防水涂料
(5) 20厚1:3水泥砂浆找找,坡度2%,最薄处30厚
(6) SN聚合物抗裂剂
(7) 30厚聚苯板保温板

屋面 2：(无水内屋面)
(1) 3厚SBS改性沥青聚酯胎基防水卷材
(2) 附加3.0厚聚氨酯防水涂料
(3) 1.5厚防水涂料
(4) 冷油三道丙套底油,坡度2%,最薄处30厚
(5) 现浇钢筋混凝土屋面板

顶棚 1：乳胶漆吊顶
(1) 白色面乳胶漆饰面涂料面涂10厚硅酸板2块一处
(2) 钢龙骨内低碳镀锌φ10钢筋吊杆(钩),双向中距≤1200
(3) 10号镀锌铅丝骨架隔布φ6钢筋三所杆,双向中距≤1200,用于伸缩缝与预留架空有关专用防水措施
(4) 与铝合金龙骨架螺栓连接10mm的专用螺钉6所杆
(5) 钢筋混凝土板底(板底抹平)

顶棚 2：铝条板吊顶
(1) 铝合金铝条板面板吊顶
(2) 吊杆上部与预留架空有关
(3) 与铝合金龙骨架螺栓连接
(4) 现浇钢筋混凝土板底

室内装修表

层数	房间名	楼面		踢脚		内墙		顶棚	
		名称	编号	名称	编号	名称	编号	名称	编号
一层	门厅	梅面砖	地面2	踢脚砖	踢脚1	乳胶漆	内墙1	乳胶漆	顶棚1
	办公室	花岗岩	地面3	花岗岩	踢脚2	乳胶漆	内墙1	乳胶漆	顶棚1
	楼梯间	梅面砖	地面1	梅面砖	踢脚1	乳胶漆	内墙1	乳胶漆	顶棚1
二至	办公室	花岗岩	楼面3	花岗岩	踢脚2	乳胶漆	内墙1	乳胶漆	顶棚1
六层	过道	梅面砖	楼面1	梅面砖	踢脚1	乳胶漆	内墙1	乳胶漆	顶棚1
	卫生间	防滑地砖	楼面2	—	—	面砖墙面	内墙2	铝扣板	顶棚2
	楼梯间	水泥砂浆	楼面4	水泥砂浆	踢脚3	乳胶漆	内墙1	乳胶漆	顶棚1
机 房 层	楼梯间	水泥砂浆	楼面4	水泥砂浆	踢脚3	乳胶漆	内墙1	乳胶漆	顶棚1

附注：
1. 地面轻集料混凝土上应向地漏0.5%找坡找到地漏中。
2. 地面地坪面层以上均应做≥0.94米、墙面防潮层在墙、柱、墙面处做大层在墙、墙面防潮情况,应由建筑设计单位认其墙面上墙处其单位认可。
3. 踢脚高度: 广端300,其他处150mm。
4. 室内涂料底色均为白色。
5. 室内门框规格、品种颜色另定。
6. 普通办公室吊顶高度2.7米,品顶距地600mm。
7. 卫生间地漏距地700mm,吊顶距地600mm。
8. 本工程中与室外接触墙部分做明楼,外墙均用外涂料。

工程名称	办公楼做法	图别	建施
图名	工程做法	编号	01-3

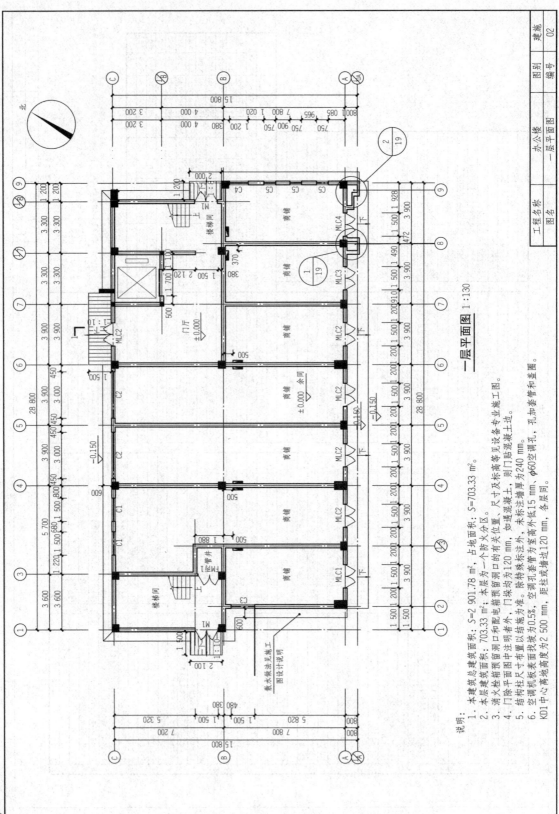

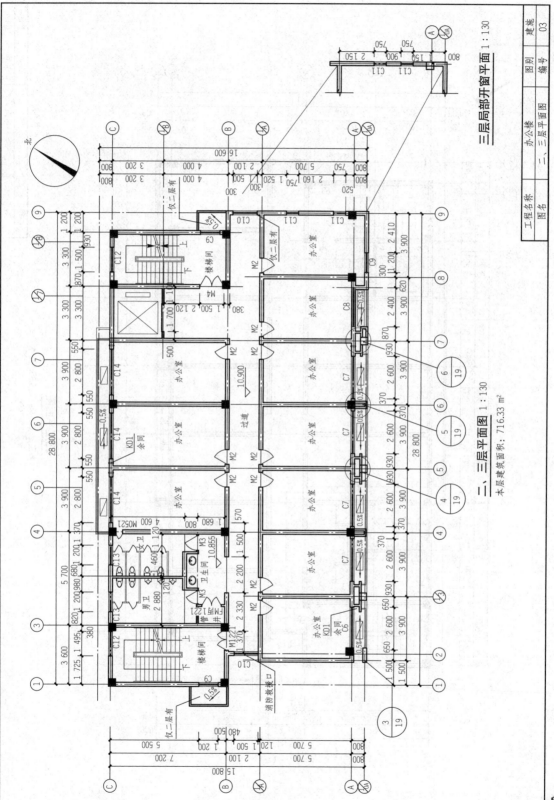

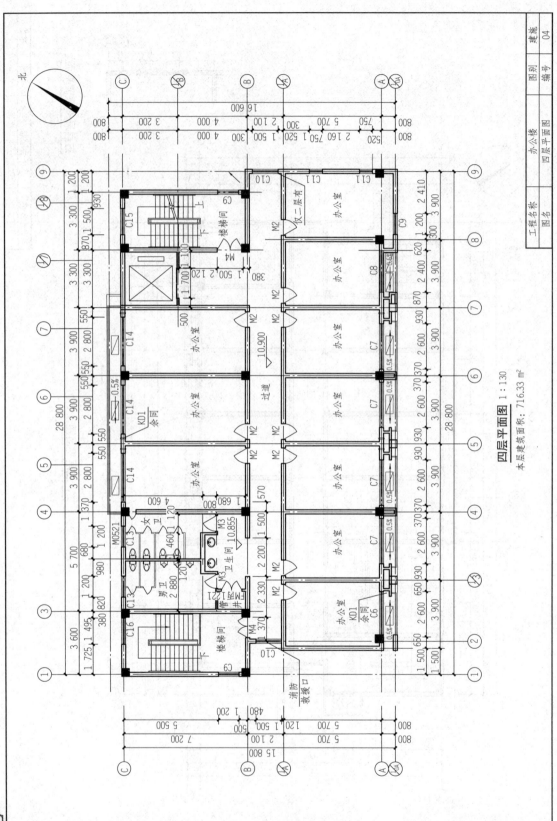

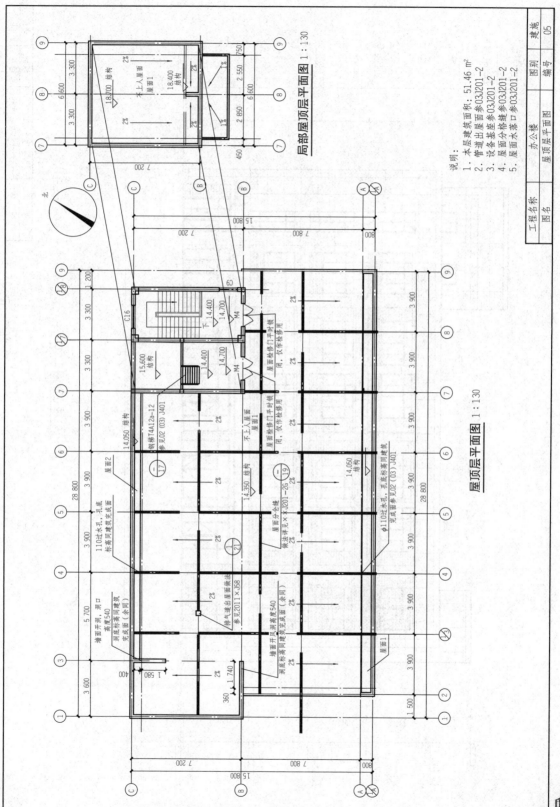

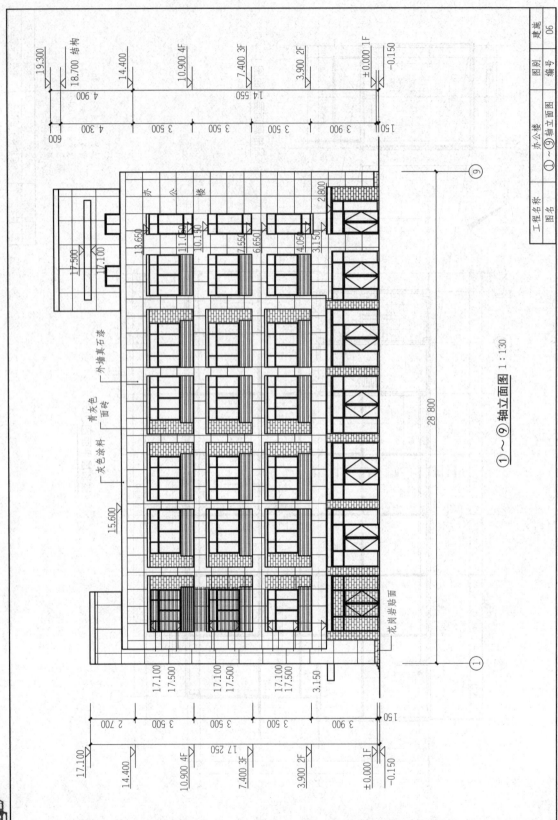

①～⑨轴立面图 1:130

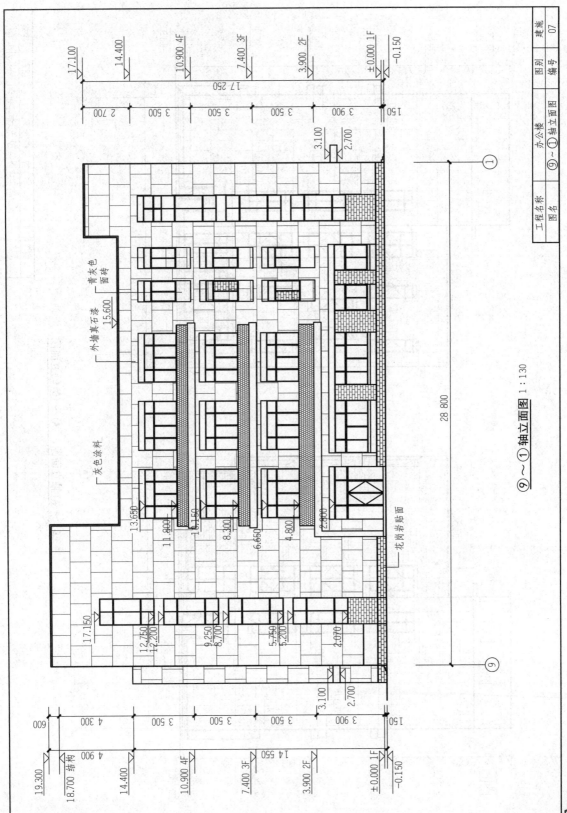

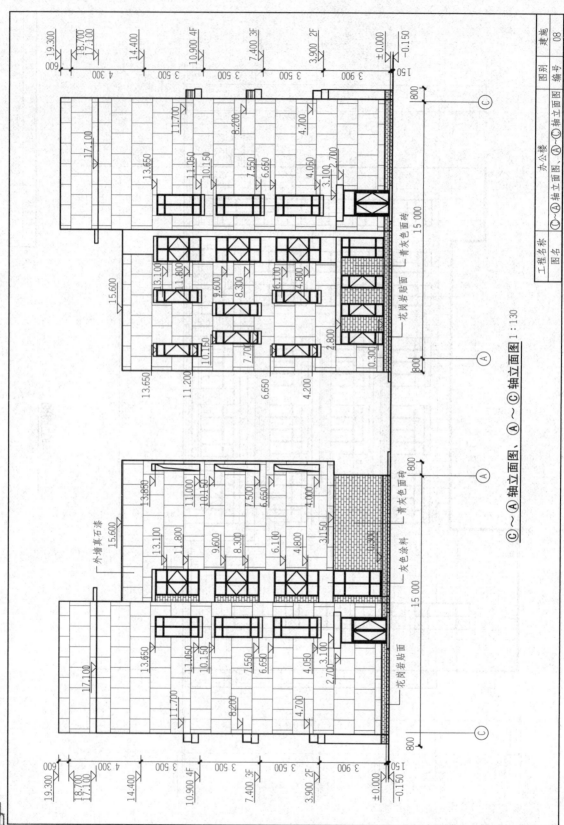

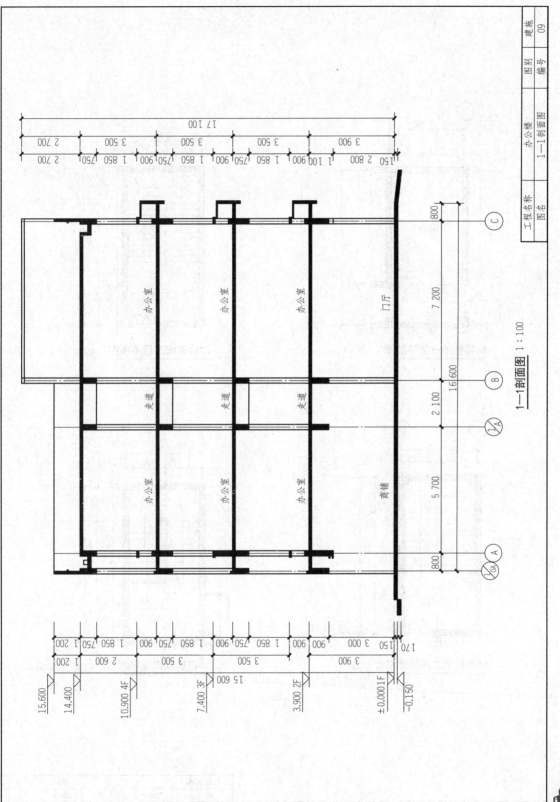

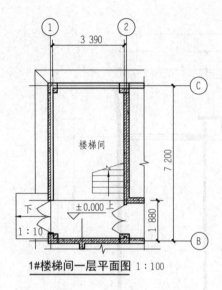

1#楼梯间一层平面图 1:100

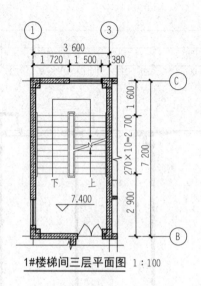

1#楼梯间三层平面图 1:100

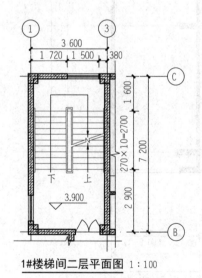

1#楼梯间二层平面图 1:100

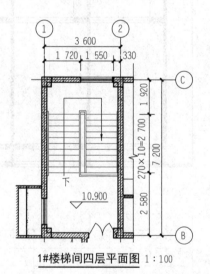

1#楼梯间四层平面图 1:100

工程名称	办公楼	图别	建施
图名	1#楼梯间平面图	编号	10

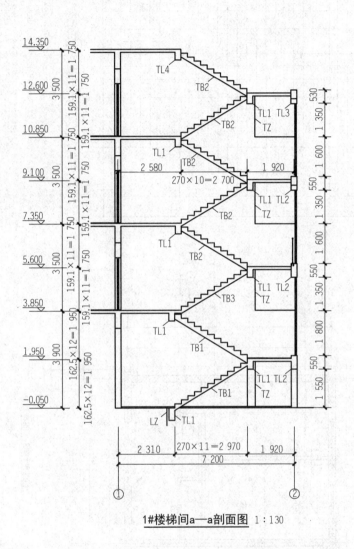

1#楼梯间a—a剖面图 1:130

工程名称	办公楼	图别	建施
图名	1#楼梯间a—a剖面图	编号	11

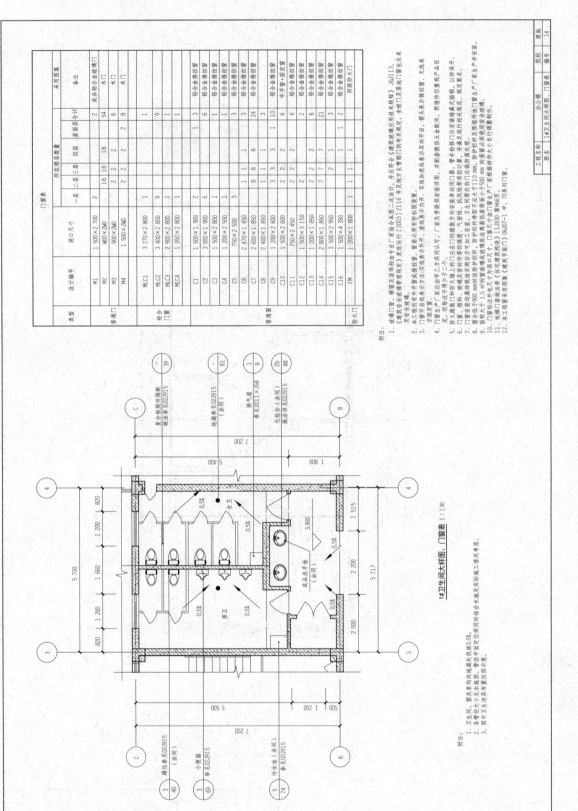

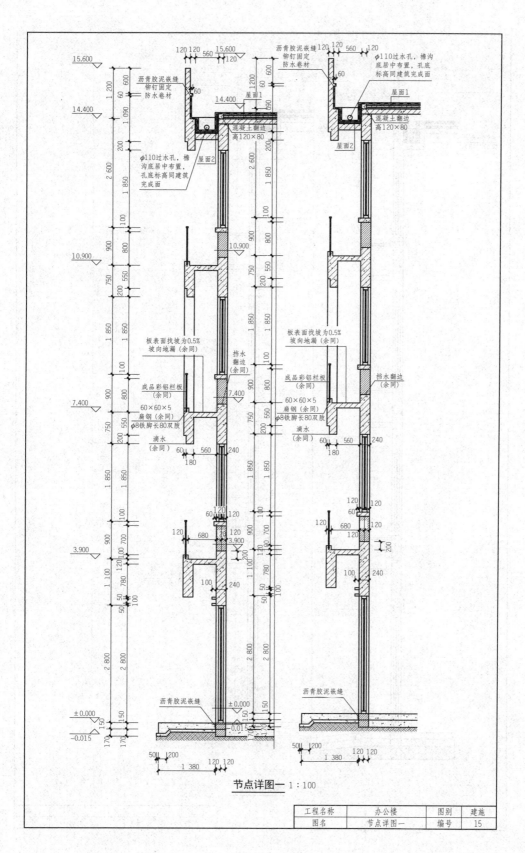

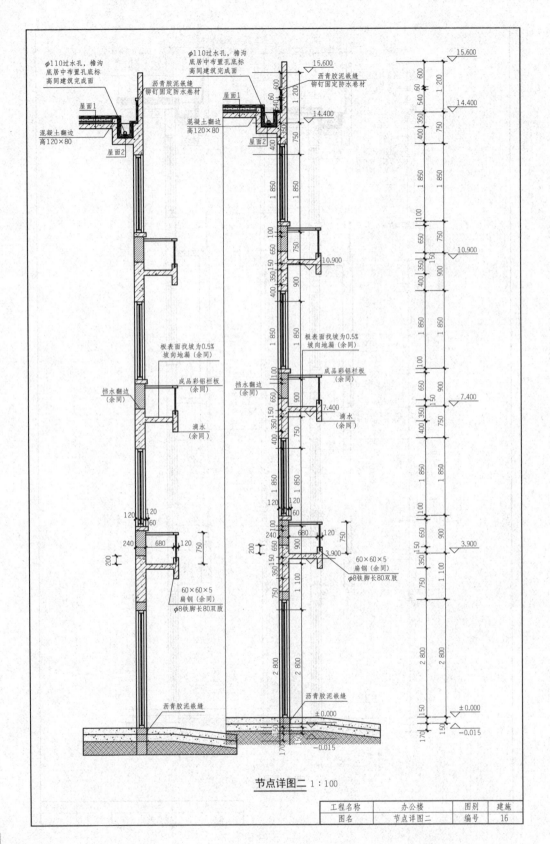

节点详图二 1:100

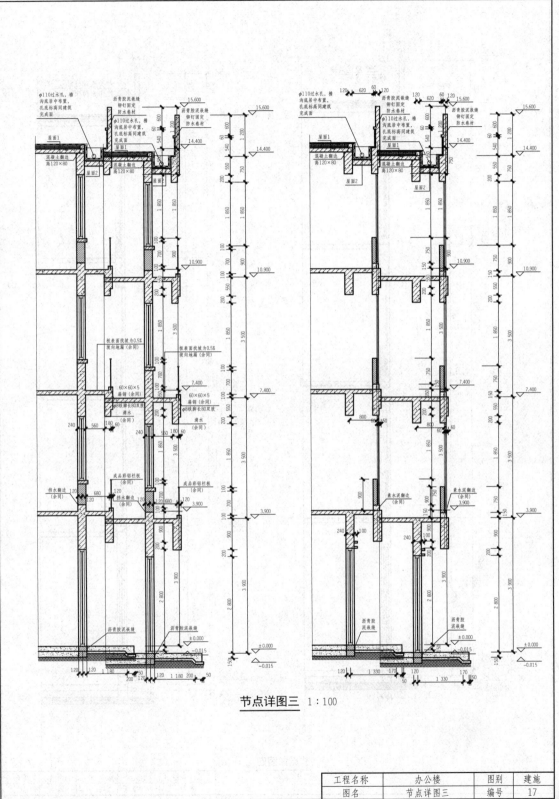

节点详图三 1:100

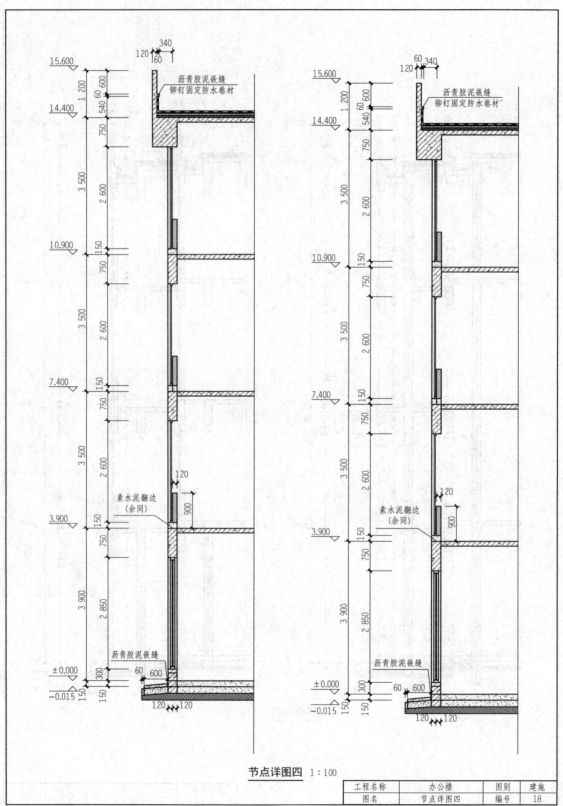

节点详图四 1:100

工程名称	办公楼	图别	建施
图名	节点详图四	编号	18

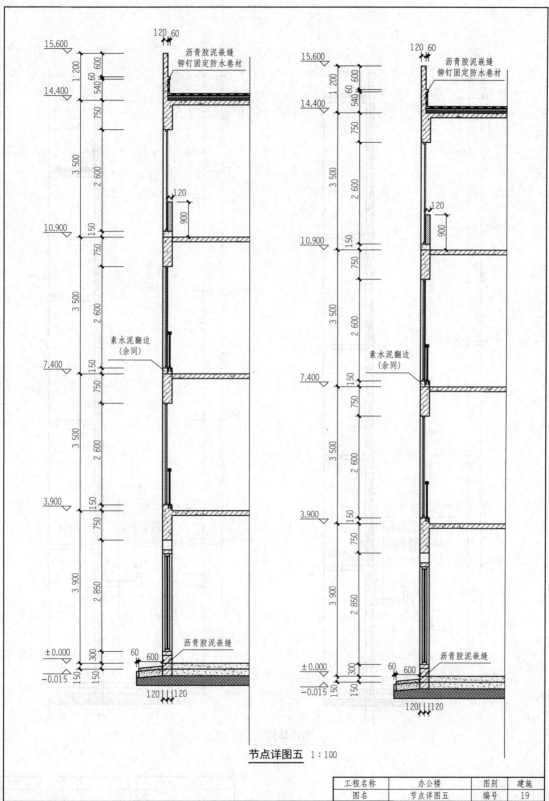

节点详图五 1:100

工程名称	办公楼	图别	建施
图名	节点详图五	编号	19

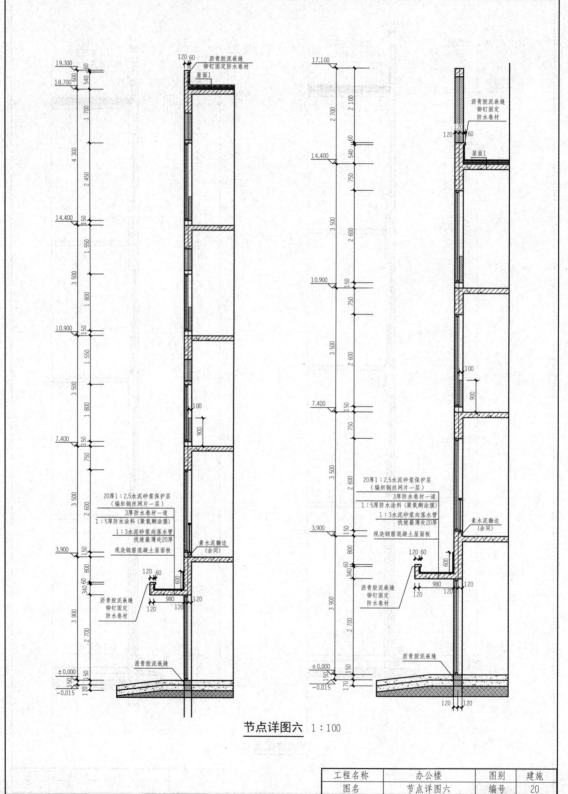

节点详图六 1:100

工程名称	办公楼	图别	建施
图名	节点详图六	编号	20

×××建筑设计院有限公司		图纸目录		工程号	图别
					结施
				共1张	第1张
工程名称	办公楼			填写人	
				设计日期	

序号	设计图号	图名	图幅	备注
1	结施-01-1	结构设计总说明（一）	A2	
2	结施-01-2	结构设计总说明（二）	A2	
3	结施-01-3	结构设计总说明（三）	A2	
4	结施-01-4	结构设计总说明（四）	A2	
5	结施-01-5	结构设计总说明（五）	A2	
6	结施-02	桩位平面布置图	A2	
7	结施-03	钻孔扩底灌注桩施工说明	A2	
8	结施-04	基础平面布置图	A2	
9	结施-05	电梯井配筋图	A2	
10	结施-06	柱平面布置及配筋图	A2	
11	结施-07	二层楼面梁配筋图	A2	
12	结施-08	二层楼面板配筋图	A2	
13	结施-09	三、四层楼面板配筋图	A2	未提供
14	结施-10	三、四层楼面梁配筋图	A2	
15	结施-11	屋面层梁配筋图	A2	
16	结施-12	屋面层板配筋图	A2	未提供
17	结施-13	机房顶层屋面梁、板配筋图	A2	
18	结施-14	楼梯配筋图	A2	
19	结施-15	1#楼梯结构剖面图	A2	

结构设计总说明（一）

1. 工程概况
1.1 本工程设计标高±0.000相当于绝对标高5.500 m，建筑物室内外高差详见单体建筑施工图。
1.2 本工程上部结构4层，无地下室，基础顶面14.500 m。故固部位为基础顶面。
1.3 本工程建筑结构设计使用年限为50年，结构安全等级为二级。
1.4 本工程建筑抗震设防类别为丙类。本地区抗震设防烈度为6度，设计基本地震加速度值为0.05 g，设计地震分组为第一组，场地类别为Ⅰ类，特征周期值为0.35 s，地基液化等级为不液化。
1.5 本工程设计基本风压值为0.45 kN/m²，设计基本雪压值为0.45 kN/m²，地面粗糙度类别为C类。设计基本风压值按100年一遇采用，框架抗震等级为四级。
1.6 本工程主要结构材料（除注明外）：长度单位为毫米（mm）；工程计量单位（m）；角度单位为度（°）。
2.2 本工程施工图根据22G101《混凝土结构施工图平面整体表示方法制图规则和构造详图》系列标准图集的绘制。
3. 设计依据
3.1 本工程所遵循的国家及地方规范、规程和标准：
《工程结构可靠性设计统一标准》（GB 50153-2008）
《建筑结构可靠性设计统一标准》（GB 50068-2018）
《混凝土结构耐久性设计标准》（GB/T 50476-2019）
《建筑地基基础设计规范》（GB 50223-2008）
《建筑结构荷载规范》（GB 50009-2012）
《建筑抗震设计规范》（GB 50011-2010）
《混凝土结构设计规范》（GB 50010-2010）
《砌体结构设计规范》（GB 50003-2011）
《混凝土结构工程施工质量验收规范》（GB 50666-2011）
《建筑桩基技术规范》（JGJ 94-2008）
3.2 采用工程计算机软件及版本号：
中国建筑科学研究院PKPM系列软件2012版。
4. 主要荷载（作用）和建筑面层作（标准值）见下表：

楼面用途	办公室	卫生间	电梯机房	楼梯	不上人屋面
活荷载（kN/m²）	2.0	4.0	7.0	3.5	0.5
	1.5	1.5			3.0

注：1．建筑表层承载应按地面和建筑装修的标准采用，如墙（柱）面为玻璃幕墙或大理石等应另考虑其特殊性。
2．如本区域施工时承受不同大小等工具的影响时，施工过程中注意结构受力状态分析和各种设计措施。

5. 主要结构材料
5.1 混凝土
5.1.1 混凝土耐久性：各类环境的混凝土结构应满足下表的要求。

各类环境的混凝土结构耐久性

环境类别	最大水灰比	最低强度等级	最大氯离子含量	最大碱含量 (kg/m³)
一类	0.60	C20	0.3%	不限制
二a类	0.55	C25	0.2%	3.0
二b类	0.500.55)	C30(C25)	0.15%	3.0

注：处于干湿交替环境中混凝土的氯离子含量不宜超过0.15%；括号内数值用于括号内结构构件的长期受力作用下；

5.1.2 本工程各构件混凝土强度等级及最外层纵筋的保护层厚度应不小于下表的公称直径：

部位及构件	混凝土强度等级	钢筋保护层厚度/mm	构件所属环境类别
基础垫层	C15		
上部主要构件、构造柱、现浇混凝土	C20	25	一类
基础垫层以下、现浇混凝土	C30	底板40，顶板25	二a类
同有地下室结构	C30	底板40，顶板25	二a类
基础底梁	C25	20	一类
楼梯底板	C25	20(25)	二a(二b)类
墙（住）			
（梁）板			

5.1.3 混凝土外加剂
（1）外加剂的选择与使用应满足《混凝土外加剂应用技术规范》（GB 50119-2003）的相关规定，选择各类外加剂时应特别注意外加剂的适用范围，并应考虑对混凝土后期收缩的影响，尽量选择对混凝土外加剂，含碱量少，且供有推荐量及施工配合比的外加剂。
（2）各类外加剂的产品名称、氯离子含量、含碱量及施工中的注意事项，主要成分的化学成分不能作为混凝土中的次要控制要求。
（3）补偿收缩混凝土采用的外加剂应为A级品或一级，且使用时应有专业的技术支持。

5.2 钢筋及焊条
5.2.1 钢筋的强度标准值应具有不小于95%的保证率。
5.2.2 抗震等级为一、二、三级的框架和斜柱构件（含楼梯段），纵向受力普通钢筋采用HRB335E，HRB400E钢筋，钢筋的抗拉强度实测值与屈服强度实测值比值不应小于1.25倍；钢筋的屈服强度实测值与钢筋的屈服强度标准值不应大于1.30，且钢筋在最大拉力下的总伸长率实测值不应小于9%。
5.2.3 钢筋代号及说明见下表。

牌号	符号	抗拉强度设计值(N/mm²)
HPB300	Φ	270
HRB335	Φ	300
HRB400	Φ	360

5.2.4 吊钩、受力预埋件的锚筋严禁使用冷加工钢筋。
5.2.5 钢筋焊接焊条的选用及焊接质量应满足《钢筋焊接及验收规范》（JGJ 18-2012）的要求。E43系列用于焊接HRB335钢筋；E50系列用于焊接HRB400热轧钢筋，不同钢种、不同强度等级的钢筋焊接时，焊条应与低强度钢材相适应；Q235B钢板型焊接采用E55系列用于焊接HPB300钢筋。
5.3 砌体
本工程各部位的填充材料、墙体砌体及砂浆强度、砌筑砂浆及砌体抗压力设计值见下表：

墙体材料	砌块多孔砖	加气混凝土砌块	砌筑砂浆
±0.000以上外墙外墙及室内隔墙	MU10	A3.5	M7.5混合砂浆
内隔墙			Mb5.0混合砂浆
地下室外内隔墙	MU10		M7.5混合砂浆
±0.000以下土壤接触的砌体	MU20		M10水泥砂浆

6. 地基和基础
6.1 本工程地质报告由×××工程勘测研究院提供的《×××工程地质勘察报告》（报告编号：××××）进行设计。
6.2 本工程采用钻孔灌注桩基础，对基础等级为丙级，建筑桩基础设计等级为丙级，地基基础设计等级为丙级。
6.3 本工程桩基础抗拔等级为P6级。
6.4 基础
6.4.1 基坑开挖时，应做好基坑监测，周围环境保护、基坑开挖及其他与建筑总体设计有关的各项基坑开挖设计方案，并及时进行监测、验槽及记录。
6.4.2 基坑围护方案应综合考虑（包括临近建筑、地下管线等），基坑开挖应结合临近建筑情况编制基坑围护设计及施工桩及施工对原有建筑、道路、地下管线等设施的影响。

工程名称	办公楼	图别	结施
图名	结构设计总说明（一）	编号	01-1

结构设计总说明(二)

6.4.2 土方开挖的顺序、方法必须与基坑围护设计文件说明的工况相一致,并遵循"开槽支先后撑,分层分段开挖,严禁超挖"的原则。

6.4.3 采用机械开挖时,再用人工开挖基坑后,施工时应保留不少于300 mm厚土基底不挖,施工基础底板前,垫层施工应妥善保护,严禁土基础垫层浸水受冻和暴露。

6.4.4 基础(坑)开挖后应通知勘察、设计、监理和业主等有关单位共同进行检验,检验基础(坑)持力层的性质和触探或其他方法,当发现与勘察文件不一致或遇到异常情况时,须与有关地质条件及处理意见后方可继续施工。

6.4.5 基槽(坑)超深或超挖(坑)底有局部扰动、分层厚度宜≤300 mm,除以粗砂或级配碎石回填夯实,压实系数不低于0.94,最深基底以下0.5 m。

6.4.6 在基础、承台与基坑侧壁间填土前,应清除落叶、垃圾杂物、积水等,宜采用对称、道路等设施。

6.5 地下水期间的降水要求

6.5.1 地下水位不高时,承包商应采取可靠措施保护,以减少地下水位对周边环境的不利影响。

6.5.2 场地应采取监测,道路等设施产生不利影响。

6.5.3 基础施工应采取有效措施防止基坑周围的地面水流入基坑,以保证基础施工的安全和质量需要。

7. 混凝土结构构造

7.1 钢筋的锚固和连接

7.1.1 热轧钢筋的锚固搭接长度标准图集22G101-1的要求。

7.1.2 钢筋连接均应符合图集22G101-1执行,用于电气焊接的钢筋的接头长度不小于6d。

7.1.3 混凝土墙、梁、基础底板结构中受力钢筋接头位置及22G101-1及22G101-3中的相关要求。钢筋的连接应采用机械连接。

7.1.4 图中未特别说明时钢筋绑扎搭接及受力纵向钢筋的搭接长度范围内,钢筋设置φ4@100,直径不小于d/4的箍筋,其间距不应大于5d(d为搭接钢筋中较小直径),且不应大于100 mm。

7.1.5 梁柱类钢筋机械连接时,钢筋直径不小于φ22 mm时,机械连接接头,机械连接接头的性能等级不低于1级。

7.1.6 纵向受力钢筋的绑扎接头设在构件受力较小处,并应错开。同一构件内的接头宜相互错开。

7.1.7 机械连接和焊接的接头的类型及质量应符合《钢筋机械连接技术规程》(JGJ 107—2016)和《钢筋焊接及验收规程》(JGJ 18—2012)的规定。

7.2 柱

7.2.1 框架柱纵向钢筋的构造要求详见国标图集22G101-1。

7.2.2 柱上起柱处纵向钢筋的伸入,浇筑混凝土施工。

7.2.3 梁上起柱处纵向钢筋的构造要求详见附加说明差1个等级(5 MPa)或以上时,可按依等级混凝土差2个等级(10 MPa)或以上时,应按柱节点构造,详见图九所示。在架柱下节点过渡的部位,可采用柱箍加密、拉筋或混凝土浇筑。

7.2.4 柱纵向钢筋不得与箍筋焊接。

7.3 框架梁和次梁

7.3.1 框架梁和次梁的配筋构造要求按国标图集22G101-1,图四所示的要求。

7.3.2 悬臂梁应符合国标图集22G101-1,悬挑的负筋按图四所示的要求。悬挑长度当$l_a \leq 1500$ mm,当纵筋为$2\phi14$;当1500 mm$<l_a<2500$ mm,当纵筋为$2\phi16$;当$l_a \geq 2500$ mm,当纵筋为$2\phi18$。

7.3.3 当悬挑梁纵筋与主梁相交时,主梁应附加箍筋或拉筋。

7.3.4 次梁纵筋贯通,主次梁同高时,次梁钢筋应放置于主梁钢筋之上,在支梁两侧加附加箍筋,两侧加设附加箍筋各为3根,附加距不宜大于50 mm,其他做法见图六。

7.3.5 附加做法详见国标图集22G101-1。

7.3.6 当次梁梁高度$h_c \geq 450$ mm时,梁两侧应设置腰筋,梁侧抗扭纵筋、腰筋设置详见国标图集22G101-1。

7.3.7 梁箍筋和顶筋孔洞净距时,孔洞直径D(或矩形孔洞短边)不大于200 mm时梁截面高度,锚侧做法详见国标图集22G101-1,表梁底筋不能横穿洞时,该孔不可作为洞口,附加加强构造,构造详见图六。

7.3.8 梁侧设置纵向受力钢筋与梁纵向受力钢筋与梁连接后,并加附加纵向受力钢筋,当梁侧不设预埋孔洞时,当梁高h_w(h_b)≤$h/5$,且<300 mm时,孔洞沿梁高度;预埋钢管时,水泥梁纵向受力。预埋套管,孔径不得大于$b/3$;双列布置时,$d<b/12$,并应纵向布置,应通知设计人员进行处理。

7.4 现浇楼板及屋面板

7.4.1 现浇楼板设备的配筋,其他详见图中未特别说明者外,详见国标图集22G101-1。

7.4.2 本工程平面图上无注明者,板厚度为120 mm;板配筋未注原位标注或无原位说明。按双向双层ϕ8@200配筋,表示此板所未标注的钢筋。

如原位置处出图者"附加"的钢筋,其中所增加的长向钢板位置在原标注或无说明,与原配筋中标注的板钢筋支座连接,并用伸长一半的板跨度设置,单侧伸出的水平投影长度平段总长度,双侧伸出的支座负筋标注长度为水梁长向长度,如图九所示。墙下无染梁处详加说明的板底部的长向短向负筋。

7.4.3 板底负筋应置于梁底平齐,并置于下部受力筋之上。

7.4.4 板上孔洞钢筋不应截断,板面钢筋在孔口位置的短距附加钢筋须依详图做,详见国标图集22G101-1。后浇筑,待设备安装完成后,后浇筑板设置板底细钢筋网,做法详见十所示。

7.4.5 板上板顶增宽不应小于3d(d为保护厚度)小于25 mm时,上部设管线时,应采用不低于板板厚度的细钢筋进行截面。

7.4.6 板内预埋线管,管线交叉处水平间距不小于1/3,当管线外径大于板面12 mm时,架下应设置垂直板面钢筋网(包括板后外挑板、连板、栏板等外露)。栏板、诱导缝、施工缝应结构设计,诱导缝宽不大于20 mm;诱导缝缝位置。

7.4.7 板悬挑板根部无注明者,外挑角处,若无说明配筋构造时须附加构造,如图十一。

7.4.8 后浇带钢筋面与平面图中所示长方向相交时水平长度不应大于12 m,建筑板挑板,连板,女儿墙时水平间距不应大于12 m时,应分仓设置。

7.4.9 当外墙长度大于12 m,缝宽不大于20 mm;诱导缝做法详见图十四所示。

7.5 施工缝的处理

7.5.1 施工缝结构现浇混凝土面的位置应小于便于施工缝设置在结构或平面有变化处,并应符合施工缝抗剪要求确定。

7.5.2 施工缝的处理
(1)继续浇筑混凝土上面应已硬化的混凝土表面,要求混凝土强度达到1.2 N/mm²以后,且清除已硬化混凝土表面的水泥薄膜、表面松动的砂石并表面软弱混凝土层,同时应将表面湿润,用水冲洗干净并不应积水。
(2)继续浇筑混凝土时,已硬化的混凝土表面应凿毛,残留在混凝土表面的水应分次清除,一般不少于24 h。

工程名称	办公楼	图别	结施
图名	结构设计总说明(二)	编号	01-2

207

结构设计总说明（三）

(2) 施工缝附近的钢筋如与设计位置不符，注意不要乱扳乱剪已浇筑的混凝土受力松动和开裂，钢筋表面氧化物应除掉。
(3) 浇筑时，也可留出在已硬化的混凝土表面涂刷界面剂后进行浇筑。
(4) 应在浇筑处直接使用振动棒在新浇筑的混凝土加强捣实。
7.5.3 施工缝的防水同本结构的防水要求。

8. 非结构性墙体
8.1 后砌填充墙
8.1.1 本条适用于高度不超过6 m、与主体结构连接的后砌填充墙砌体的构造（见国标图集22G614-1《砌体填充墙结构构造》，平面图意请参加施工图）。
8.1.2 后砌填充墙的厚度不得小于100 mm。
22G614-1《砌体填充墙结构构造》，平面图详见建筑图。
8.1.3 填充墙采用的材料详见结构设计总说明（二）中相关内容。
22G614-1《砌体填充墙结构构造》，做法参见国标图集22G614-1《砌体填充墙结构构造》，做法详见第8.1.3和8.1.4条。
(1) 未配筋填充墙沿墙全高每隔500或600设2Φ6或Φ6@200钢筋网片或焊接网片（或剪力墙）的连接详见国标图集22G614-1《砌体填充墙结构构造》。
(2) 后砌填充墙沿柱全高每隔500或600设2Φ6或Φ6@200钢筋网片埋入墙体中，做法详见国标图集22G614-1《砌体填充墙结构构造》。
(3) 填充墙的厚度不小于240 mm（墙厚大于240 mm时3Φ6）拉结筋，沿墙全高每隔500 mm 且在墙高中部设置一道现浇混凝土拉结带（墙厚大于240 mm时为3Φ6），构造详见国标图集22G614-1《砌体填充墙结构构造》。
(4) 后砌填充墙顶部与结构梁板或框架梁连接，做法详见国标图集22G614-1《砌体填充墙结构构造》。
8.1.4 填充墙拉结筋应设置，如平面图未表示。
(1) 砌筑填充墙体柱，截面尺寸为墙厚×墙厚×240 mm，纵筋4Φ12，箍筋Φ6@200。
(2) 当墙长大于5 m时，应在墙顶设置与主体结构连接的钢筋混凝土构造柱，上顶下端部与主体结构锚固（如同女儿墙栏杆、砌筑女儿墙），洞边自由设置。
(3) 当洞口宽度小于2.1 m时，洞口两端设置构造柱。
(4) 当洞口宽度小于2.1 m时，且洞宽度小于1.5 m时，两侧均应设混凝土专用钢筋，并与两端构造柱连通。
(5) 外墙上时窗门洞宽度大于2.1 m时，应按框架柱设置构造柱。
(6) 水平系梁截面4Φ12（当墙大于180 mm），构造筋为Φ6或Φ8@200，箍筋Φ6@200。

8.1.5 门过梁与门框系梁与门窗过梁过梁之大值，应合并设置。

(1) 当水平系梁与门窗过梁过梁之大值，截面尺寸及配筋取过梁与水平系梁合并设置后大值。
(2) 墙体（本弱或窗间）未通长可过梁，洞口需注明国标图22G614-1《砌体填充墙结构构造》。
(3) 当墙体均无构造柱和或水平构造柱端墙顶（如阳台、门窗上部、女儿墙），当墙体厚度较厚墙高不小于时，梁截面Φ6@100 mm，纵筋3Φ10，楼层高钢筋Φ6@200。
(5) 框架梁（或现浇层顶梁）顶砌筑墙体纵筋伸直至22G614-1《砌体填充墙结构构造》，做法参见国标图集22G614-1《砌体填充墙结构构造》。

8.1.6 门、窗过梁

洞口宽度/mm	梁高/mm	梁宽/mm	底筋	顶筋
<1 000	120	与墙同宽	2Φ8	2Φ8
1 000≤L<1 500	120	与墙同宽	2Φ8	2Φ10
1 500≤L<2 100	180	与墙同宽	2Φ10	2Φ12
2 100≤L<2 700	180	与墙同宽	2Φ12	2Φ14
2 700≤L<3 300	240	与墙同宽	2Φ14	3Φ14
3 300≤L<4 200	300	与墙同宽	3Φ16	3Φ16

钢筋混凝土过梁

				箍筋	插入长度/mm
				Φ6@250	240
				Φ6@200	240
				Φ6@200	240
				Φ6@200	240
				Φ6@200	300
				Φ6@150	350

8.1.7 门过洞口下部做构造示意。当建筑未表示图示时，洞边做未设构造柱，构造柱截面尺寸宜按砌体墙厚×60 mm，纵筋为4Φ8，箍筋为Φ6@200。
8.1.8 后砌填充墙墙长小于240 mm无法施工处，可采用C20混凝土浇筑，做法详见国标图集22G614-1《砌体填充墙结构构造》。
8.1.9 电梯井上人入通道采用空心砌块砌筑时，长度大于400 mm的墙体做法参见国标图集22G614-1《砌体填充墙结构构造》。
8.1.10 后砌填充墙全长采用Φ6钢筋网，间距为Φ4@200×200，相互搭接长度不小于200 mm，相互搭接平齐铺槽。

8.1.11 后砌填充墙施工要求详见国标图集22G614-1《砌体填充墙结构构造》，特别是与上下层短柱的上而下卸载。构造柱应主要后浇成马牙榫。
9. 混凝土施工要求
9.1 施工单位施工时应根据工程特点、按有关规范和设计人员组织设计及专业施工图纸仔细核对图纸并及时施工，不符合设计要求和有疑问处应与设计单位及相关单位联系解决。
9.2 构造柱对尺寸位置、洞槽、预埋件位置，无论尺寸及位置、电梯门其他预埋件，必须按施工图要求施工，无误后方可施工。预埋件、预埋管线，施工单位应在预埋时提仔细核查后再建筑厂家核对，无误后方可施工；严禁临时支护或不建筑厂家的要点。
9.3 施工要求应严格按施工图，并遵守国家相关规范。
9.4 柱内中柱搭接，梁搭接，板搭接。
9.5 悬挑构件(如阳台、雨棚、挑梁等)，特别要注意其锚固力必须按100%实设计要求，非经设计同意不得任意改变，最大悬挑长度不得大于4 m时，应做实支撑构件（或注明时设置支模至），并严禁梁中注明时间长度；板挑长≥8或≥10，保护层为15 mm。
9.6 当梁、板跨度≥4 m时，板跨度≥2 m时，应按规范起拱。起拱度可做1/400，悬挑件长度起拱可做1/200。
9.7 现浇钢板楼板，应按图配筋的要求图注说明外，特别是电梯井设置等钢筋的接长，配筋最大跨中应做翻版，可按50%。
9.8 钢工工在伸缩缝、裂缝长、所需钢筋支座筋分离及搭长等等。
9.9 卫生间、厨房等有水房间，混凝土板内掺入剂做150 mm高C20混凝土
9.10 施工周不得同时进行两种形水平和地下工程施工；外经试验证承层承重验收合格后方进行上部施工。
9.11 当构件需要采用现场焊接式采用焊的钢接器焊连接时，连接器开工正式焊接之前，必须验工正式焊接，经试验合格之后，方可用于产品合格证。

10. 沉降观测要求
10.1 本工程应进行沉降观测工作。测量单位应当由建设单位委托具有相应资质的测量单位实施。沉降测量方案（设计方、监理方、总包、设计单位审核通过）后实施，沉降观测点应符合《建筑变形测量规范》（JGJ 8—2016）的相关要求。
10.2 测量点应分根据甲方要求施工单位具体组织实施，任务目的、测量方案、测量方位等施工方面。
10.3 测量主要参数楼面测试从施工后开始，当本工程沉降观测完成后报关资料；沉降观测应有合格证。
10.4 沉降观测完成后提供沉降表，如发现异常情况，应及时通知相关单位进行处理。

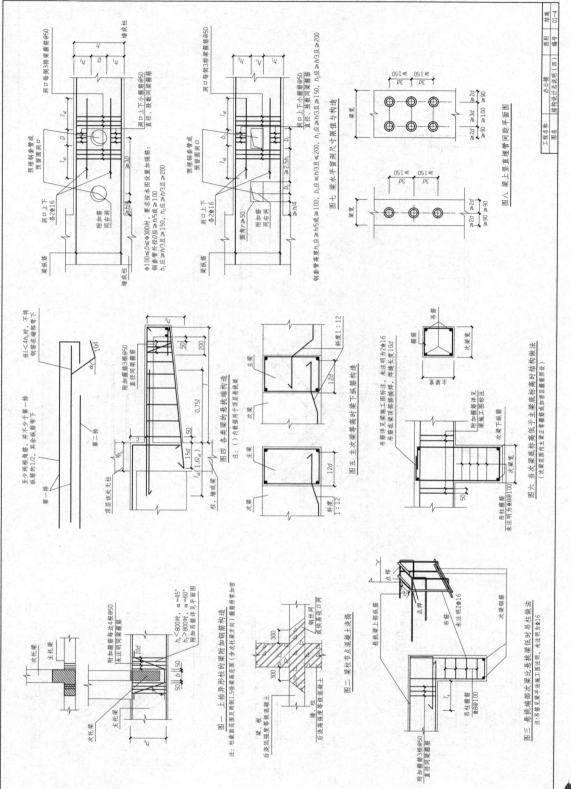

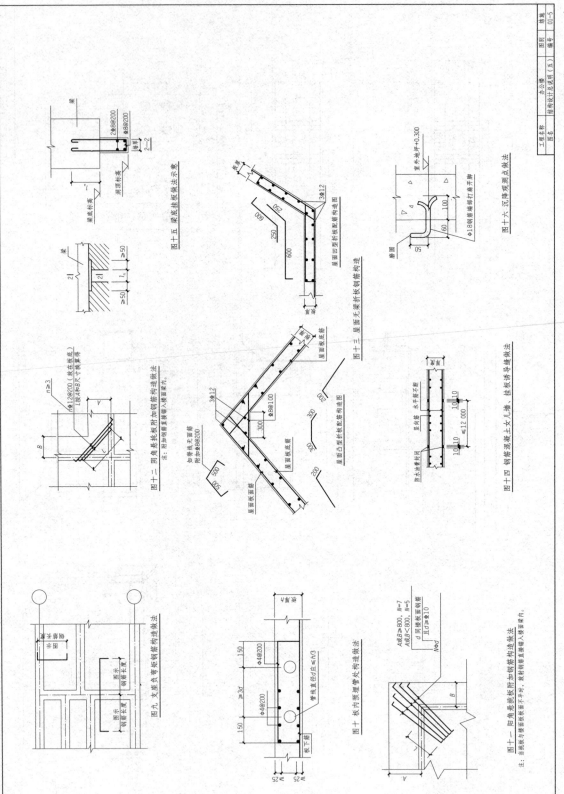

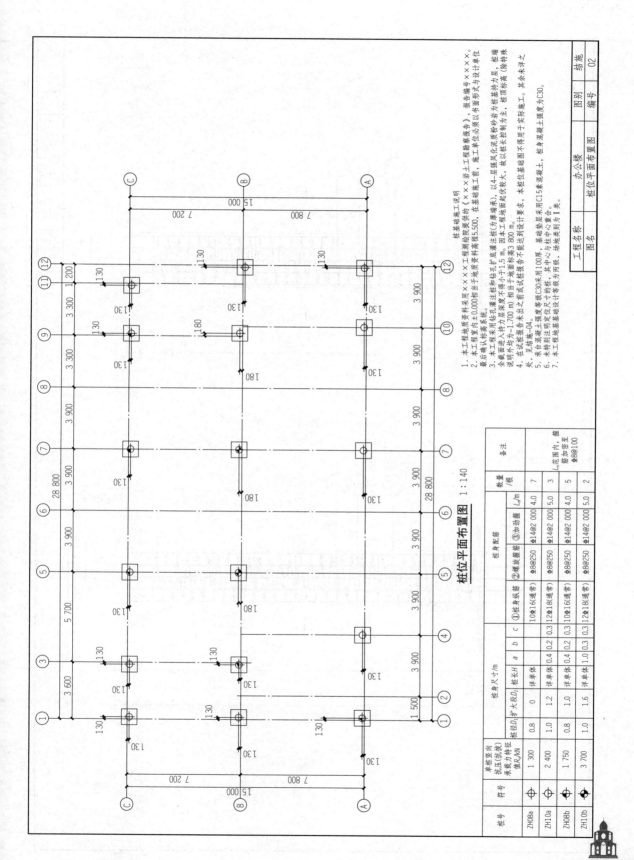

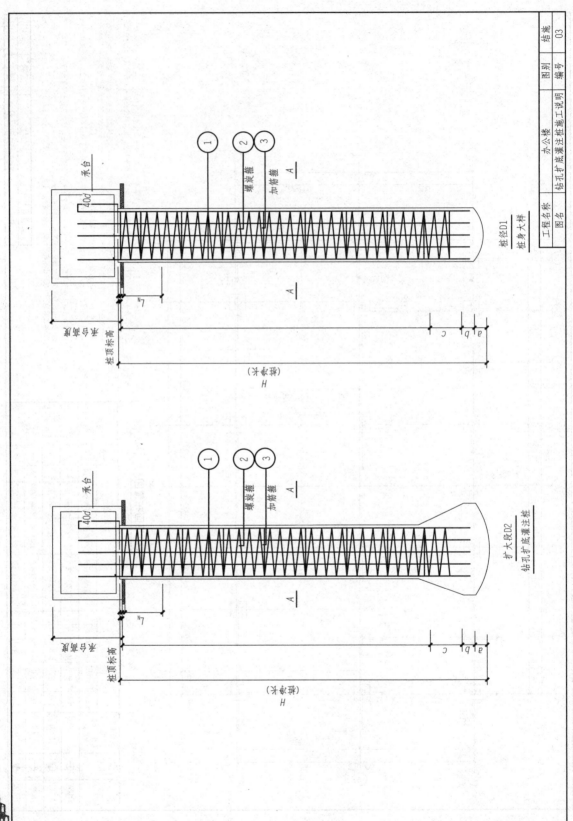

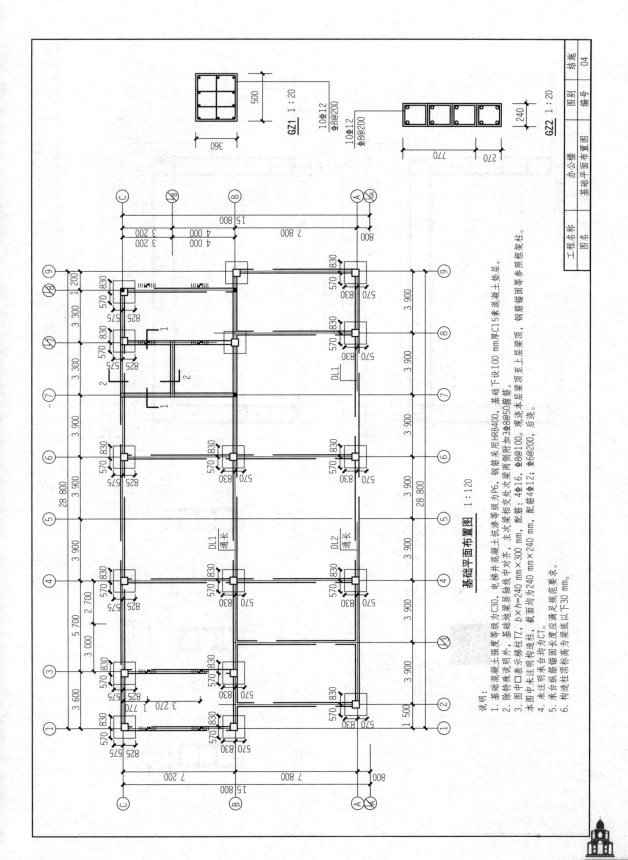

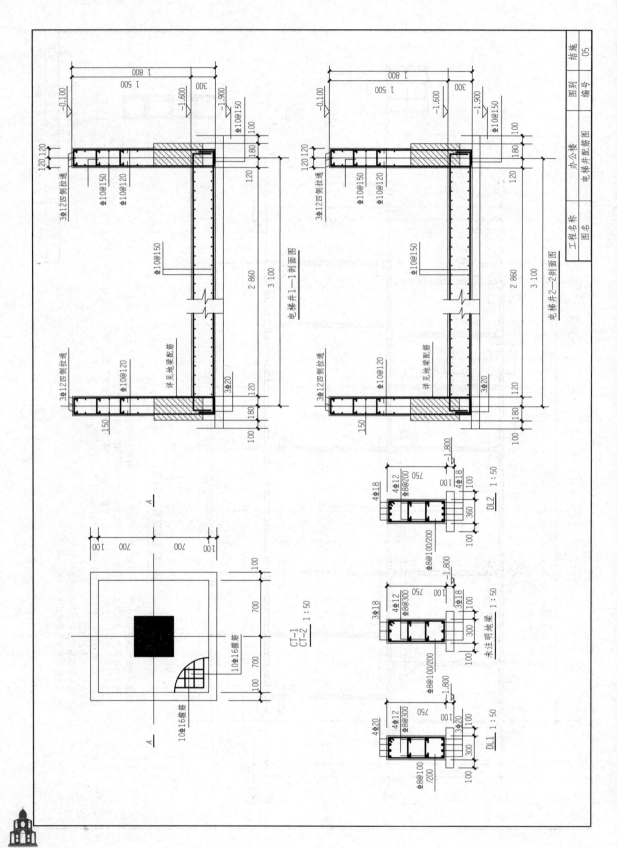

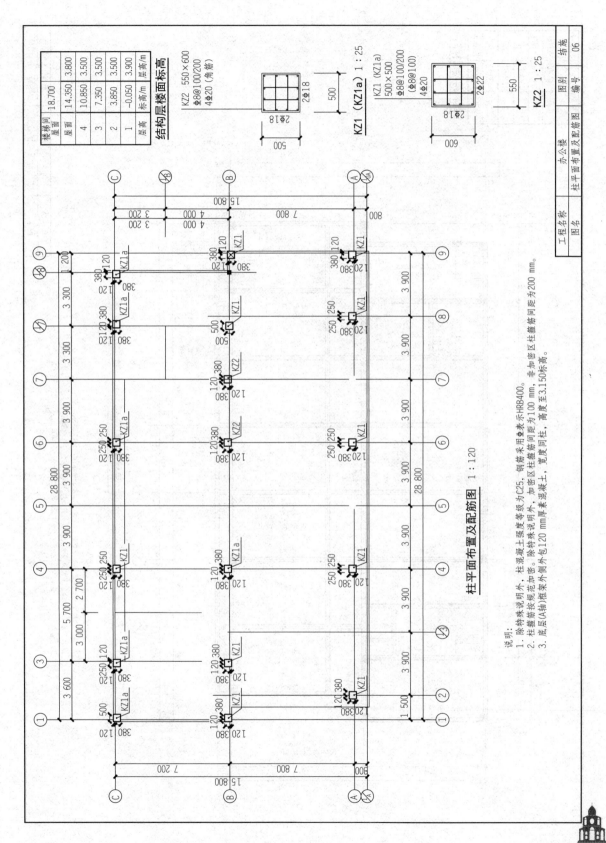

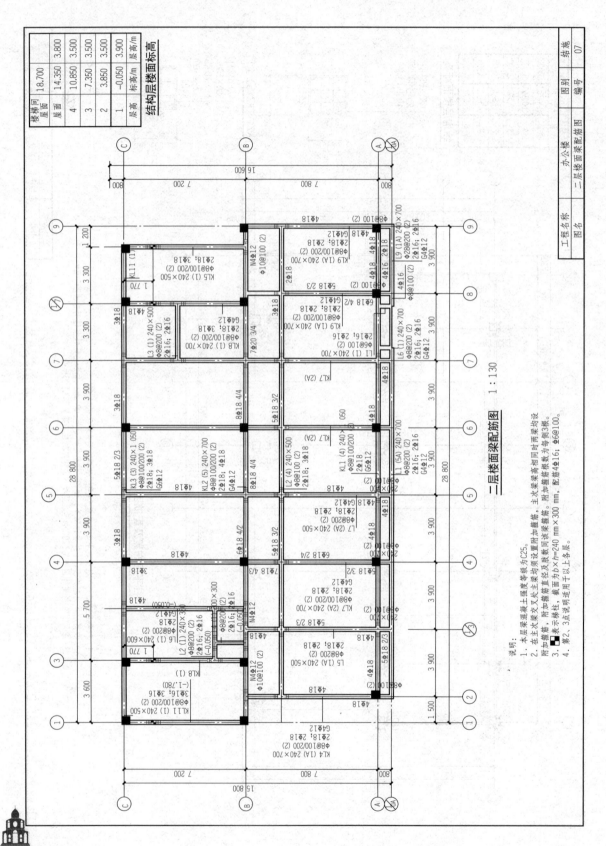

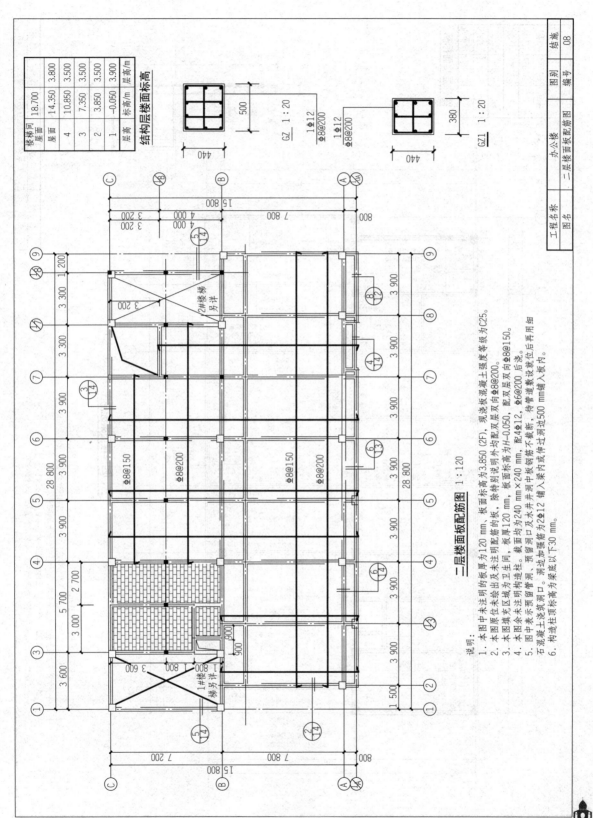

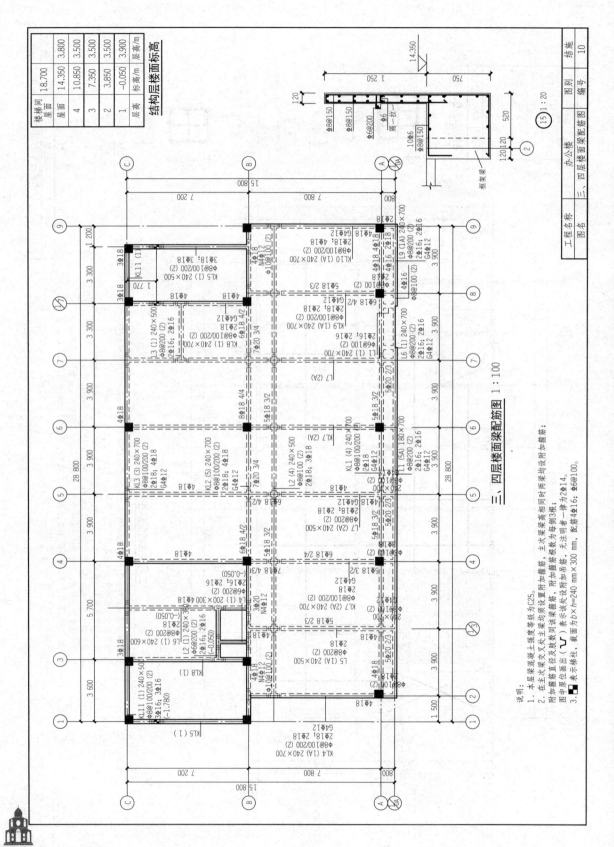

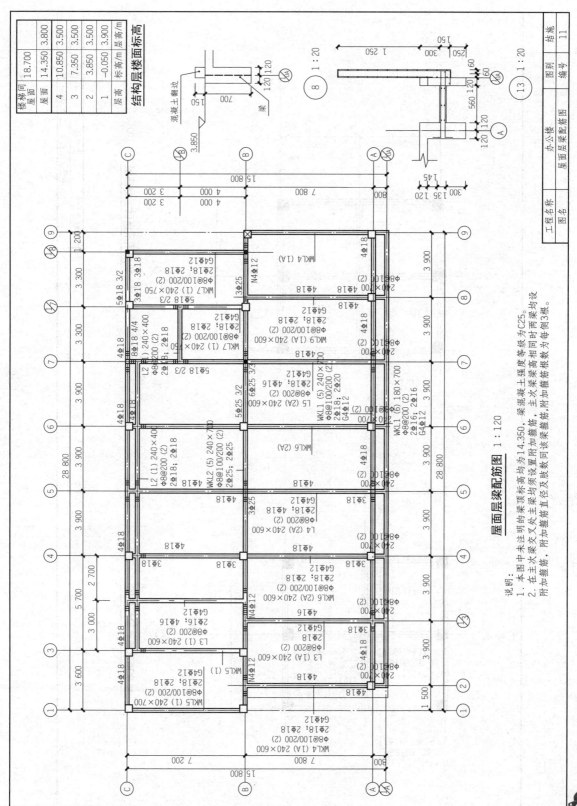

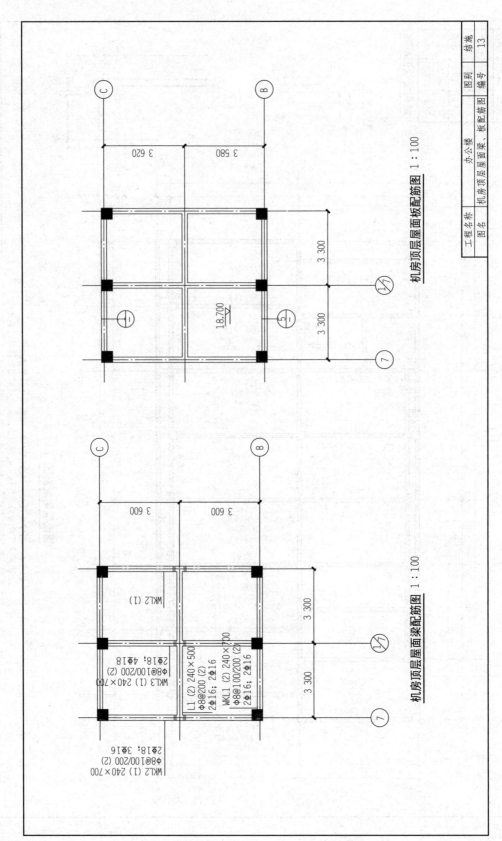

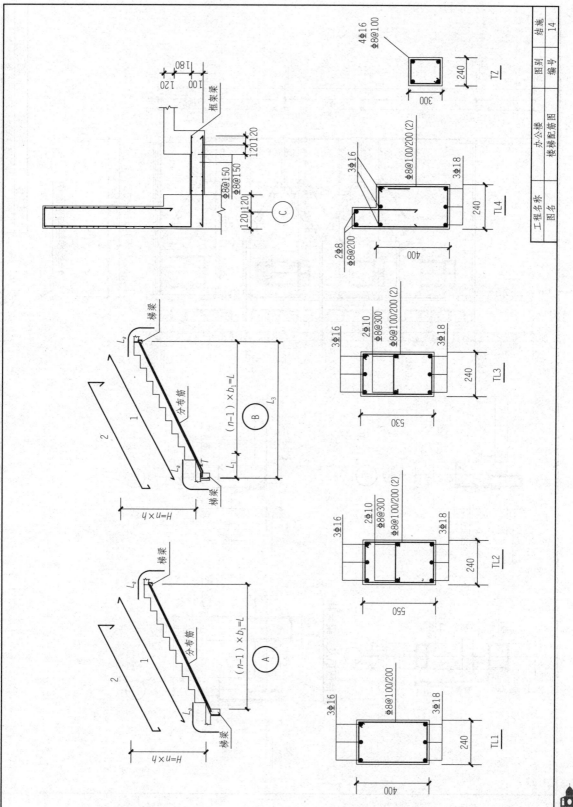

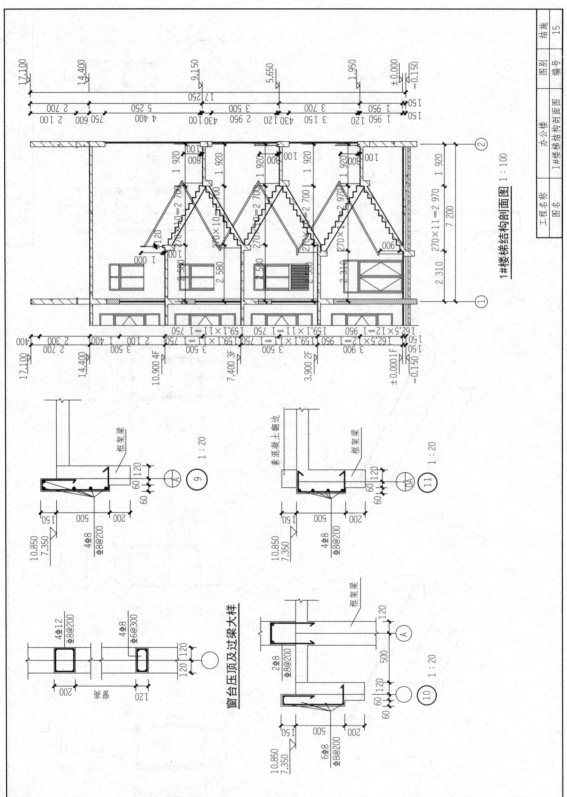

参 考 文 献

[1] 中华人民共和国住房和城乡建设部. GB/T 50353—2013 建筑工程建筑面积计算规范[S]. 北京：中国计划出版社，2013.
[2] 中华人民共和国住房和城乡建设部. GB 50854—2013 房屋建筑与装饰工程工程量计价规范[S]. 北京：中国计划出版社，2013.
[3] 吉林省住房和城乡建设厅. JLJD-JZ-2019 吉林省建筑工程计价定额[S]. 吉林：吉林人民出版社，2019.
[4] 吉林省住房和城乡建设厅. JLJD-ZS-2019 吉林省装饰工程计价定额[S]. 吉林：吉林人民出版社，2019.

《BIM 建筑工程计量》配套任务书

专　业＿＿＿＿＿＿
班　级＿＿＿＿＿＿
姓　名＿＿＿＿＿＿
学　号＿＿＿＿＿＿

北京理工大学出版社
BEIJING INSTITUTE OF TECHNOLOGY PRESS

目录

任务 1　建筑基数计算 ... 001

任务 2　建筑面积计算 ... 003

任务 3　土石方工程量计算 ... 005

任务 4　桩与地基基础工程量计算 ... 008

任务 5　回填土与土方运输工程量计算 ... 011

任务 6　砌筑工程工程量计算 ... 013

任务 7　混凝土及钢筋混凝土工程量计算 ... 017

任务 8　金属结构与木结构工程量计算 ... 023

任务 9　屋面及防水工程量计算 ... 025

任务 10　防腐、保温隔热工程量计算 ... 027

任务 11　建筑工程措施项目工程量计算 ... 029

任务 12　楼地面工程量计算 ... 031

任务 13　墙、柱面装饰与隔断、幕墙工程量计算 ... 033

任务 14　天棚工程量计算 ... 035

任务 15　门窗工程量计算 ... 037

任务 16　油漆、涂料、裱糊工程工程量计算 ... 039

任务 17　其他装饰工程工程量计算 ... 042

任务 18　装饰工程措施项目工程量计算 ... 044

任务1 建筑基数计算

姓名		班级		学号		总成绩	
所在团队						负责内容	

任务描述：

　　某校新建校区，其中需建设办公楼一栋。我方（某施工单位）得知某校将新建办公楼，经过调查研究得知该办公楼的拟建规模与投资均符合我公司资质，遂我方有意承建该项目的土建工程，于是在获得该办公楼的招标文件后，立即组织人员编制投标书，招标文件采取定额计价模式，遂我方编制的投标文件为定额计价模式。我方的第一项工作便是按照《吉林省建筑工程计价定额》（JLJD-JZ-2019）、《吉林省装饰工程计价定额》（JLJD-ZS-2019）、《混凝土结构施工图平面整体表示方法制图规则和构造详图》（22G101）及相关图集做法的工程量计算规则与规定进行工程量计算。

　　本任务为计算办公楼的"三线长度"。

拟实现知识目标：

1. 掌握外墙外边线的计算方法。
2. 掌握外墙中心线的计算方法。
3. 掌握内墙净长线的计算方法。

拟实现能力目标：

能根据施工图纸准确计算建筑基数中的"三线"长度。

拟实现素质目标：

1. 具备爱岗敬业的职业操守。
2. 具备认真细致的工作作风。

一、计算准备（熟悉施工图纸，回答问题）

1. 该建筑物使用功能及主要技术经济指标为＿＿＿＿＿＿＿＿＿＿＿＿＿＿＿＿＿＿＿＿。
2. 该建筑物共有＿＿＿层，檐高是＿＿＿m，结构类型是＿＿＿＿＿＿，设防烈度为＿＿＿＿，建筑工程等级为＿＿＿＿＿＿，设计使用年限是＿＿＿＿＿＿，耐火等级为＿＿＿＿＿＿，抗震等级为＿＿＿＿。
3. 该建筑物的室内地坪相对标高是＿＿＿＿＿＿，室外地坪相对标高是＿＿＿＿＿＿。
4. 建筑物总长是＿＿＿＿＿，总宽是＿＿＿＿＿，楼梯开间尺寸是＿＿＿＿＿＿，进深尺寸是＿＿＿＿＿＿。
5. 建筑物的外墙定位轴线通过墙体＿＿＿（中或偏）轴线，内墙定位轴线通过墙体的＿＿＿（中或偏）轴线。
6. 建筑物外墙厚是＿＿＿＿＿＿，保温板厚度为＿＿＿＿＿＿，其材质是＿＿＿＿＿＿。
7. 计算外墙外边线长度时是否包括保温材料厚度？

8. 计算外墙中心线长度时是否包括保温材料厚度？

续表

二、工程量计算

计算建筑物每层外墙外边线（$L_{外}$）、外墙中心线（$L_{中}$）、内墙净长线（$L_{内}$）长度。小组成员每人计算一层。

计算表

序号	名称	计算式	单位	工程量
1	＿＿层外墙外边线（$L_{外}$）			
2	＿＿层外墙中心线（$L_{中}$）			
3	＿＿层内墙净长线（$L_{内}$）			

计算过程中遇到的问题及解决方案：

还有哪些没有解决的问题？

任务 2　建筑面积计算

姓名		班级		学号		总成绩	
所在团队						负责内容	

任务描述：
　　建筑基数中的"三线"已经计算完毕，现需计算本工程底层建筑面积及校核总建筑面积。
　　熟悉施工图纸，由于图纸上给出的建筑面积不能直接使用，于是我方造价员（学生）要根据主管（教师）提供的《吉林省建筑工程计价定额》(JLJD-JZ-2019)（以下简称定额）中规定的计算规则进行建筑面积的校核计算，该部计算不套取费用。

拟实现知识目标：
　1．掌握计算建筑面积的范围及计算规则。
　2．掌握不计算建筑面积的范围。
　3．了解有关建筑面积应注意的问题。

拟实现能力目标：
　　能根据施工图纸、建筑面积计算规则准确计算办公楼建筑面积。

拟实现素质目标：
　1．具备爱岗敬业的职业操守。
　2．具备认真细致的工作作风。

一、计算准备（熟悉施工图纸，回答问题）

　1．该建筑物是否有室外楼梯？_____。

　2．该建筑物是否有雨篷？_____，若有其宽度是_____，是否需要计算建筑面积？为什么？_____。

　3．该建筑物是否有阳台，若有属于哪种类型？阳台应该怎样计算建筑面积？

　4．该建筑物中有哪些构件不需要计算建筑面积？

　5．计算建筑面积可能会遇到哪些问题？

续表

6. "三线"在建筑面积计算中起什么作用?

二、工程量计算

分别计算建筑物每层建筑面积并汇总。小组成员每人计算一层,小组成员数多者,多余层数共同完成。分层计算完毕后汇总。

计算表

序号	名称	计算式	单位	工程量
1	____层外建筑面积 ($S-$)			
2	总建筑面积 (S)			

计算过程中遇到的问题及解决方案:

还有哪些没有解决的问题?

任务 3 土石方工程量计算

____3-1 平整场地及沟槽挖土工程量计算____							
姓名		班级		学号		总成绩	
所在团队						负责内容	

任务描述：

建筑面积已校核完毕，现在开始正式计算工程量，工程量计算的第一个分部工程是土石方工程。

主线任务：1. 办公楼平整场地工程量计算；

2. 办公楼基础数据统计。

拓展任务：沟槽挖土工程量计算。

拟实现知识目标：

1. 了解土石方工程的工作流程。
2. 掌握几种挖土类型的区分方式。
3. 掌握平整场地及沟槽挖土的计算规则。

拟实现能力目标：

能根据施工图纸及工程量计算规则准确计算平整场地及沟槽挖土工程量。

拟实现素质目标：

1. 具备爱岗敬业的职业操守。
2. 具备认真细致的工作作风。

一、计算准备（熟悉施工图纸，回答问题）

1. 本工程的土壤类别是_____。
2. 本套图纸的基础类型是_____。
3. 该建筑物的挖土类型是_____。怎样判断？

4. 该建筑物的挖土深度是_____。
5. 当场地内挖填土厚度＞±0.3 m 时，应按_____计算。
6. 挖土方的工程量按设计图示尺寸以体积计算，此处体积是指（　　）。

　　A．虚方体积　　　　B．夯实后体积　　　　C．松填体积　　　　D．天然密实体积

7. 在计算挖土时，需要考虑哪些因素？

8. 什么是沟槽？什么是基坑？什么是一般挖土？

9. 平整场地的计算规则是什么？

续表

10. 挡土板、工作面与放坡的作用分别是什么?

二、工程量计算

1. 根据平整场地计算规则计算办公楼平整场地工程量。

平整场地计算表

定额编号	项目名称	计算式	单位	工程量

2. 统计基础数据。

挖土基础数据统计表

序号	基础类型	挖土深度	说明

三、拓展任务练习

计算下图所示的沟槽挖土量。已知土壤类别为三类土,室外地坪标高为 -0.3 m。将题目及答案整理至记录本上。

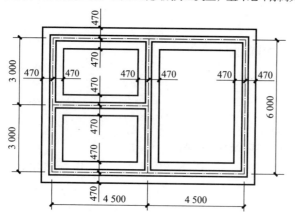 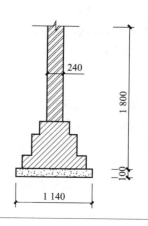

计算过程中遇到的问题及解决方案:

还有哪些没有解决的问题?

3-2 基坑挖土工程量

姓名		班级		学号		总成绩	
所在团队						负责内容	

任务描述：

在了解土石方工程的工作内容后，了解其施工流程，重点区分沟槽挖土与基坑挖土，本任务为计算六号公寓楼的基坑挖土工程量。在正式计算之前，应掌握其相关基础数据信息，如基础类型、挖土方式、挖土深度等内容。

任务准备：某建筑基坑工程量计算案例。

主线任务：计算办公楼基坑挖土量。

拟实现知识目标：

1. 了解土石方工程的工作流程。
2. 掌握基坑挖土的计算规则。

拟实现能力目标：

能根据施工图纸及工程量计算规则准确计算基坑挖土工程量。

拟实现素质目标：

1. 具备爱岗敬业的职业操守。
2. 具备认真细致的工作作风。

一、计算准备（基坑挖土计算准备练习）

某建筑物土坑垫层为无筋混凝土，长宽方向外边线尺寸为 8.04 m 和 5.64 m，垫层厚为 200 mm，垫层顶标高为 −4.550 m，室外地面标高为 −0.650 m，地下水水位标高为 −3.500 m，该处土壤类别为三类土，人工挖土，计算基坑挖土总量及挖干土量、挖湿土量。将题目及答案整理至记录本上。（绘制简图，标注各数据位置关系）

二、工程量计算

计算要求：本工程挖土按双面放坡，留工作面计算

基坑挖土工程量汇总表

序号	基础类型	挖土深度 /m	数量 /个	计算式	单位	工程量

计算过程中遇到的问题及解决方案：

还有哪些没有解决的问题？

任务4 桩与地基基础工程量计算

4-1 桩与承台基础工程量计算

姓名		班级		学号		总成绩	
所在团队						负责内容	

任务描述：

  桩与地基基础工程是建设工程的主要工程之一。桩基础是由若干根桩和桩顶的承台组成的一种常用深基础。它具有承载能力大、抗震性能好、沉降量小等特点。按施工方法不同，桩身可分为预制桩和灌注桩两大类。预制桩是在工厂或施工现场制成各种材料和形式的桩（如钢筋混凝土桩、钢桩等），然后用沉桩设备将桩打入、压入、振入（还有时兼用高压水冲）或旋入土中；灌注桩是在施工现场的桩位上先成孔，然后在孔内灌注混凝土，也可加入钢筋后灌入混凝土。

  由于桩工程量已经在学习过程中计算完毕，本任务主要完成桩与承台基础工程量计算。

拟实现知识目标：

1. 桩与基础施工的工作流程。
2. 掌握桩与基础工程的计算规则。

拟实现能力目标：

能根据施工图纸及工程量计算规则准确计算桩承台基础工程量。

拟实现素质目标：

1. 具备爱岗敬业的职业操守。
2. 具备认真细致的工作作风。

一、计算准备（熟悉施工图纸，回答问题）

1. 本工程的基础类型是_____。

2. 关于地基与桩基础工程的工程量计算规则，下列说法正确的是（　　）。

  A．预制钢筋混凝土桩按设计图示桩长度（包括桩尖）以 m 为单位计算或 m^3 和根计算

  B．钢板桩按设计图示尺寸以面积计算

  C．人工挖孔灌注桩按桩长计算

  D．地下连续墙按设计图示中心线乘槽深的面积计算

3. 某工程需进行钢筋混凝土方桩的送桩工作，桩断面为 400 mm×400 mm。桩底标高 −13.20 m，桩顶标高 −1.20 m。该工程共需用 80 根桩，其送桩工程量为_____。

二、工程量计算

办公楼基础工程量汇总表

序号	基础类型	混凝土强度等级	计算式	单位	工程量

续表

计算过程中遇到的问题及解决方案：
还有哪些没有解决的问题？

4-2 条形砖基础及其他混凝土基础工程量计算

姓名		班级		学号		总成绩	
所在团队						负责内容	

任务描述：
　　基础一般按材料可分为混凝土基础、砖基础、毛石基础等。混凝土基础还包括独立基础、带形基础、杯形基础、满堂基础、箱形基础等。在工程量计算时，应准确区分各种基础类型及其与对应挖土类型的比对。
　　本任务为计算条形砖基础工程量。

拟实现知识目标：
1．掌握基础类型的分类。
2．掌握基础的计算方法。

拟实现能力目标：
　　能根据施工图纸及工程量计算规则准确计算条形砖基础工程量。

拟实现素质目标：
1．具备爱岗敬业的职业操守。
2．具备认真细致的工作作风。

一、计算准备（熟悉施工图纸，回答问题）

1．基础与墙体使用不同材料时，工程量计算规则以不同材料为界分别计算基础和墙体工程量，范围是（　　）。
　　A．室内地坪 ±300 mm 以内　　　　　　B．室内地坪 ±300 mm 以外
　　C．室外地坪 ±300 mm 以内　　　　　　D．室外地坪 ±300 mm 以外

2．关于砖基础工程量计算正确的有（　　）。（多选）
　　A．按设计图示尺寸以体积计算　　　　　B．扣除大放脚T形接头处的重叠部分
　　C．内墙基础长度按净长线计算　　　　　D．材料相同时，基础与墙身划分通常以设计室内地坪为界
　　E．基础工程量不扣除构造柱所占体积

3．砖基础砌筑工程量按设计图示尺寸以体积计算，但应扣除（　　）。（多选）
　　A．地梁所占体积　　　　　　　　　　　B．构造柱所占体积
　　C．嵌入基础内的管道所占体积　　　　　D．砂浆防潮层所占体积
　　E．圈梁所占体积

4．砖基础大放脚的作用是什么？

5．37墙的计算厚度是_____。

6．满堂基础与箱形基础有什么区别？

7．柱帽的作用是什么？

009

二、工程量计算

1. 如下图所示，条形砖基础长为100 m，1.5砖墙，三阶等高大放脚。试计算砖基础工程量。

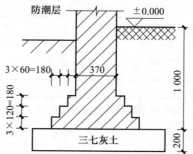

2. 计算下图所示的条形砖基础及挖土工程量。已知土壤类别为二类土，外墙基础厚370 mm，偏轴线。按双面放坡留工作面计算。

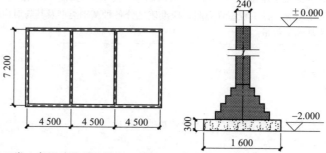

3. 计算下图所示的三类土条形砖基础及挖土工程量。已知室外地坪标高为−0.3 m，定位轴线均为中轴线。

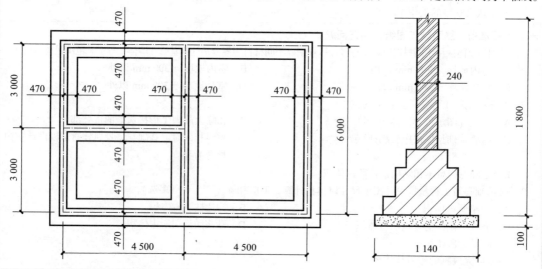

计算过程中遇到的问题及解决方案：

还有哪些没有解决的问题？

任务 5　回填土与土方运输工程量计算

姓名		班级		学号		总成绩	
所在团队						负责内容	

任务描述：

在基础施工完成后，必须将槽、坑四周未作基础的部分填至室外地坪标高，基础回填土必须夯填密实，所以应执行填土定额。

主线任务：各组根据图纸及计算规则计算办公楼回填土及土方运输工程量。

拓展任务：计算案例工程的回填土工程量。

拟实现知识目标：

1. 掌握室内回填土与基础回填土的计算方法。
2. 掌握土方运输的计算方法。

拟实现能力目标：

能根据施工图纸及工程量计算规则准确计算回填土与土方运输工程量。

拟实现素质目标：

1. 具备爱岗敬业的职业操守。
2. 具备认真细致的工作作风。

一、计算准备（熟悉施工图纸，回答问题）

1. 回填土包括＿＿＿＿＿＿＿＿＿＿＿＿＿＿。

2. 计算基础回填土时，除基础、垫层外，还有哪些需要扣除的地下埋深构件？

3. 本工程是否需要计算室内回填土？为什么？

4. 本工程运土属于余土外运还是亏土内运？为什么？

二、工程量计算

基础回填土工程量汇总表

	扣减部位	计算式	单位	工程量
地下埋设工程量				
基础回填土工程量				

续表

室内回填土工程量汇总表

回填高度	计算式	单位	工程量

土方运输工程量

序号	运输类型	计算式	单位	工程量

三、拓展任务练习

计算该三类土条形砖基础、挖土及基础回填土工程量。室外地坪标高为 −0.3 m，定位轴线均为中轴线。（基础及挖土工程量在任务 4 中已经计算完毕，本题中可直接使用该数据）

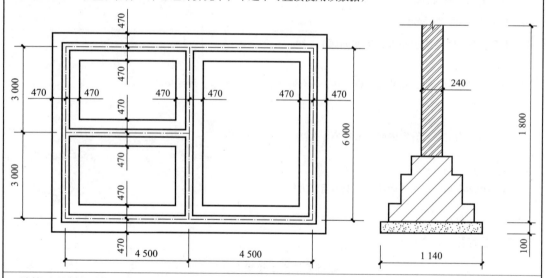

计算过程中遇到的问题及解决方案：

还有哪些没有解决的问题？

任务 6　砌筑工程工程量计算

砌筑工程是指用砌筑砂浆将砖、石、各类砌块等块材砌筑的工程，形成的结构构件即砌体。常见的砌体构件有基础、墙体和柱等，主要材料为砂浆和块材。常用的砌筑砂浆有水泥砂浆、水泥混合砂浆；块材有砖、石、砌块等；目前块材种类多、规格较多。不同的材料、不同的组砌方式、不同的规格、不同的构件等的砌筑工程所消耗的人工、材料、机械的数量不同，故定额根据以上因素划分多个定额子目。

6-1　外墙砌筑工程工程量计算					
姓名		班级		学号		总成绩	
所在团队				负责内容	

任务描述：

主线任务：根据图纸及计算规则计算办公楼外墙砌筑工程量。

拓展任务：计算某砖砌烟囱工程量。

拟实现知识目标：

1. 掌握建筑物砌筑的计算规则。
2. 掌握构筑物砌筑的计算规则。
3. 熟悉与砌筑工程有关的概念及其他说明。

拟实现能力目标：

能根据施工图纸及工程量计算规则准确计算砌筑工程工程量。

拟实现素质目标：

1. 具备爱岗敬业的职业操守。
2. 具备认真细致的工作作风。
3. 具有良好的团队合作意识。

一、计算准备（熟悉施工图纸，回答问题）

1. 本工程外墙厚为_____mm，其材质为_____；外墙保温材料为_____，厚度为_____mm。
2. 本工程除特殊标注外，内墙均采用_____mm 厚陶粒混凝土砌块墙。
3. 关于墙身防潮层：

纵墙：室内地面_____处设置连续水平防潮层。

横墙：室内地面_____处设置连续水平防潮层。

墙身防潮层做法为_____。

4. 周边地面面层下紧邻外墙内侧做法为_____。
5. 该建筑物总高为_____m，各层高度分别为_____。
6. 关于实心砖墙高度的计算，下列说法正确的是（　　）。

　　A. 有屋架且室内外均有天棚者，外墙高度算至屋架下弦底另加 100 mm

　　B. 有屋架且无天棚者，外墙高度算至屋架下弦底另加 200 mm

　　C. 无屋架者，内墙高度算至天棚底另加 300 mm

　　D. 女儿墙高度从屋面板上表面算至混凝土压顶下表面

7. 关于实心砖外墙高度的计算,下列正确的是( )。
   A. 平屋面算至钢筋混凝土板顶
   B. 无顶棚者算至屋架下弦底另加 200 mm
   C. 内外山墙按其平均高度计算
   D. 有屋架且室内外均有顶者算至屋架下弦底另加 300 mm
8. 以下说法正确的有( )。
   A. 砖围墙如有混凝土压顶时算至压顶上表面
   B. 砖基础的垫层通常包括在基础工程量中,不另行计算
   C. 砖墙外凸出墙面的砖垛应按体积并入墙体内计算
   D. 砖地坪通常按设计图示尺寸以面积计算
   E. 通风管、垃圾道通常按图示尺寸以长度计算
9. 石砌台阶工程量计算说法正确的是( )。
   A. 按实砌体积并入基础工程量中计算
   B. 按砌筑纵向长度以米计算
   C. 按水平投影面积以平方米计算
   D. 按设计尺寸以体积计算
10. 砖砌烟囱的计算公式是什么?式中各字母所表达的内容是什么?

二、工程量计算

各小组分工计算每层外墙砌筑工程量,每人一层。

外墙砌筑工程量表

部位	墙长 /m	墙高 /m	墙毛面积（墙长×墙高）/m²	门窗洞口面积 /m²	墙净面积（墙毛面积－门窗洞口面积）/m²	墙厚 /m	应增加或扣除体积（V_b）/m³	墙体体积（墙净面积×墙厚±应增加或扣除体积）/m³
一层								
二层								
三层								
四层								
五层								
六层								
合计								

三、拓展任务练习

根据图中有关数据计算砖砌烟囱工程量。

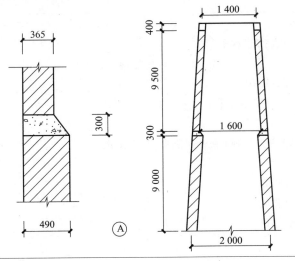

计算过程中遇到的问题及解决方案：

还有哪些没有解决的问题？

6-2 砌筑工程工程量计算

姓名		班级		学号		总成绩	
所在团队						负责内容	

任务描述：

本任务为计算办公楼内墙砌筑工程量。

拟实现知识目标：

1. 掌握内墙砌筑工程量计算方法。
2. 了解砌筑工程施工的一般工艺流程。

拟实现能力目标：

能根据施工图纸及工程量计算规则准确计算砌筑工程工程量。

拟实现素质目标：

1. 具备爱岗敬业的职业操守。
2. 具备认真细致的工作作风。
3. 具有良好的团队合作意识。

一、注意事项

1. 注意墙高的确定；
2. 注意墙长的计算；
3. 注意需要扣除的门窗洞口及其他构件；
4. 不要丢项。

二、工程量计算

1. 各小组分工计算每层外墙砌筑工程量，每人一层。

内墙砌筑工程量表

部位	墙长/m	墙高/m	墙毛面积（墙长×墙高）/m²	门窗洞口面积/m²	墙净面积（墙毛面积－门窗洞口面积）/m²	墙厚/m	应增加或扣除体积(V_b)(m³)	墙体体积（墙净面积×墙厚±应增加或扣除体积）(m³)
一层								
二层								
三层								
四层								
五层								
六层								
合计								

计算过程中遇到的问题及解决方案：

还有哪些没有解决的问题？

任务 7 混凝土及钢筋混凝土工程量计算

在现代建筑中,建筑物的基础、主体骨架、结构构件、楼地面工程往往采用混凝土和钢筋混凝土作材料。根据施工方法不同,可分为现浇钢筋混凝土工程、预制钢筋混凝土工程和预应力钢筋混凝土工程;常见的混凝土构件有基础、柱、梁、板、墙等,不同的施工方法、不同的构件所消耗的人工、材料、机械数量各不同。混凝土及钢筋混凝土工程定额根据主要工种分为模板、钢筋、混凝土及脚手架四部分,并按照施工方法、构件类型划分了多个定额子目。

7-1 混凝土柱工程量计算					
姓名		班级		学号		总成绩
所在团队					负责内容	

任务描述:
主线任务:根据图纸及计算规则计算办公楼混凝土柱工程量。
拓展任务:计算某异形柱工程量。

拟实现知识目标:
1. 了解混凝土工程的工作内容。
2. 了解模板的计算规则。
3. 掌握混凝土柱的计算规则。
4. 了解混凝土柱工程的一般施工工艺流程。

拟实现能力目标:
能根据施工图纸及工程量计算规则准确计算混凝土柱的工程量。

拟实现素质目标:
1. 具备爱岗敬业的职业操守。
2. 具备认真细致的工作作风。
3. 具有良好的团队合作意识。

一、计算准备(熟悉施工图纸,回答问题)

1. 关于现浇混凝土工程量计算正确的有(   )。(多选)
    A. 构造柱工程量包括嵌入墙体部分
    B. 梁工程量不包括伸入墙内的梁头体积
    C. 墙体工程量包括墙垛体积
    D. 有梁板按梁、板体积之和计算工程量
    E. 无梁板深入墙内的板头和柱帽并入板体积内计算
2. 关于混凝土工程量计算的说法,下列正确的有(   )。(多选)
    A. 框架柱的柱高按自柱基上表面至上层楼板上表面之间的高度计算
    B. 依附柱上的牛腿及升板的柱帽,并入柱身体积内计算
    C. 现浇混凝土无梁板按板和柱帽的体积之和计算
    D. 预制混凝土楼梯按水平投影面积计算
    E. 预制混凝土沟盖板、井盖板、井圈梁按设计图示尺寸以体积计算

3. 关于柱高，下列说法正确的是（　　）。

  A．有梁板的柱高应自柱基上表面（或楼板上表面）至上一层楼板下表面之间的高度计算

  B．无梁板的柱高应自柱基上表面（或楼板上表面）至柱帽下表面之间的高度计算

  C．框架柱的柱高应自柱基下表面至柱顶面高度计算

  D．构造柱按全高计算嵌接墙体部分（马牙槎）并入柱身体积。构造柱的马牙槎净距为60 mm，宽为300 mm

4. 本工程柱的混凝土强度等级为_____。

5. 本工程包括的柱类型为_____。

二、工程量计算

各小组成员独立完成柱工程量计算。

整楼混凝土柱工程量计算汇总表　　　　　　　　　m³

部位	一层	二层	三层	四层	五层	工程量合计
框架柱						
构造柱						
其他柱						

说明：框架柱可直接按整楼计算工程量，无须分层。

三、拓展任务练习

计算图中钢筋混凝土工字形形柱的工程量。

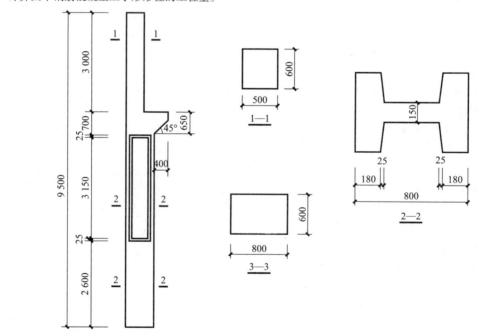

计算过程中遇到的问题及解决方案：

还有哪些没有解决的问题？

7-2 混凝土梁工程量计算

姓名		班级		学号		总成绩	
所在团队						负责内容	

任务描述：

主线任务：根据图纸及计算规则计算办公楼混凝土梁工程量。

拓展任务：课后完成混凝土梁、柱相交处的模型制作。

拟实现知识目标：

1. 掌握混凝土梁的计算规则。
2. 了解混凝土梁的一般施工工艺流程。
3. 熟悉与混凝土工程有关的概念及其他说明。

拟实现能力目标：

能根据施工图纸及工程量计算规则准确计算混凝土模板与柱的工程量。

拟实现素质目标：

1. 具备爱岗敬业的职业操守。
2. 具备认真细致的工作作风。
3. 具有良好的团队合作意识。

一、计算准备（熟悉施工图纸，回答问题）

1. 关于梁的长度，下列说法正确的是（　　）。

    A．梁与柱连接时，梁长算至柱侧面

    B．梁与墙连接时，深入墙内的梁头应扣除

    C．圈梁与过梁连接时，过梁长度按门窗洞口宽度加 300 mm 计算

    D．主梁与次梁连接时，主梁算至次梁侧面

2. 现浇混凝土挑檐、雨篷与圈梁连接时，其工程量计算的分界线应为（　　）。

    A．圈梁外边线　　　B．圈梁内边线　　　C．外墙外边线　　　D．板内边线

3. 圈梁长度怎样确定？为什么？

4. 本工程梁的混凝土强度等级是多少？共有几种梁形式？

二、工程量计算

各小组成员分工完成混凝土梁工程量计算。

整楼混凝土梁工程量计算汇总　　　　　　　　　　　　　　　　　　　m³

部位	基础梁	框架梁	梁	连系梁	梯梁	悬挑梁
基础						
一层						
二层						
三层						
四层						
五层						
合计						

三、课外拓展任务

1. 完成该结构的模板制作，尺寸自定（高度不小于300 mm），工具、材料自行解决。

2. 自行选定其他节点，制作模板。

3. 完成时间：一周。

4. 要求：各组制作PPT汇报演示稿，说明制作过程，附有必要的图片、视频、文字及其他相关支撑材料。汇报时间：5分钟。

计算过程中遇到的问题及解决方案：

还有哪些没有解决的问题？

7-3 混凝土板及其他混凝土构件工程量计算

姓名		班级		学号		总成绩	
所在团队						负责内容	

任务描述：

主线任务1：根据图纸计算办公楼现浇及预制混凝土板工程量。（课上完成）

主线任务2：根据图纸计算办公楼其他混凝土构件工程量。（课后完成）

拟实现知识目标：

1. 掌握混凝土板的计算规则。
2. 了解混凝土板工程的一般施工工艺流程。
3. 掌握混凝土墙、楼梯、散水等的工程量计算规则。

拟实现能力目标：

能根据施工图纸及工程量计算规则准确计算混凝土板及其他混凝土构件的工程量。

拟实现素质目标：

1. 具备爱岗敬业的职业操守。
2. 具备认真细致的工作作风。
3. 具有良好的团队合作意识。

一、计算准备（熟悉施工图纸，回答问题）

1. 计算现浇混凝土楼梯工程量时，下列正确的做法是（　　）。
   A. 以斜面积计算　　　　　　　　　　B. 扣除宽度小于500的楼梯井
   C. 深入墙内部分不另行计算　　　　　D. 整体楼梯不包括连接梁

2. 关于工程量计算，下列说法正确的有（　　）。（多选）
   A. 现浇混凝土整体楼梯按设计图示的水平投影面积计算，包括休息平台、平台梁、斜梁和连接梁
   B. 散水、坡道按设计图示尺寸以面积计算。不扣除单个面积在0.3 m² 以内的孔洞面积
   C. 电缆沟、地沟和后浇带均按设计图示尺寸以长度计算
   D. 混凝土台阶按设计图示尺寸以体积计算
   E. 混凝土压顶按设计图示尺寸以体积计算

3. 关于混凝土墙，下列说法错误的是（　　）。
   A. 墙与柱连接时墙算至柱边　　　　　B. 墙与梁连接时墙算至梁顶
   C. 墙与板连接时板算至墙侧　　　　　D. 未凸出墙面的暗梁暗柱并入墙体积

4. 关于混凝土楼板工程量计算，下列说法正确的有（　　）。（多选）
   A. 有梁板包括梁与板，按梁、板体积之和计算
   B. 无梁板按板和柱帽体积之和计算
   C. 各类板深入砖墙内的板头扣除其板体积内计算
   D. 空心板按设计图示尺寸以体积（不扣除空心部分）计算
   E. 不同类型板连接时，均以墙的中心线来划分

5. 雨篷梁、板工程量合并，按雨篷以体积计算，高度（　　）的栏板并入雨篷体积内计算，栏板高度（　　）时，其超过部分，按栏板计算。
   A. ＞400 mm；≤400 mm　　　　　　　B. ≤400 mm；＞400 mm
   A. ≥400 mm；＜400 mm　　　　　　　B. ＜400 mm；≥400 mm

021

6．散水、台阶按设计图示尺寸以_____计算。

7．本工程包括的板类型为_____。

现浇钢筋混凝土楼板，按其构造形式一般可分为_____。

二、工程量计算

1．各小组成员独立完成混凝土板工程量计算。

混凝土楼板工程量计算汇总表

m³

部位	一层	二层	三层	四层	五层
现浇楼板（h=）					
现浇楼板（h=）					
现浇楼板（h=）					
合计					
预制楼板					
合计					

2．其他混凝土构件工程量计算。

构件名称	工程量计算式	单位	工程量
墙			
楼梯			
散水			
台阶			
雨篷			

计算过程中遇到的问题及解决方案：

还有哪些没有解决的问题？

任务 8 金属结构与木结构工程量计算

姓名		班级		学号		总成绩	
所在团队						负责内容	

任务描述：

  金属结构最常用的金属材料为普通碳素结构钢和低合金钢结构，形式有钢板、钢管、各类型钢和圆钢等。金属构件计算工程量时不扣除单个面积≤ 0.3 m² 的孔洞质量，焊缝、铆钉、螺栓等不另增加质量。

  木结构是单纯由木材或主要由木材承受荷载的结构，通过各种金属连接件或榫卯手段进行连接和固定。这种结构因为是由天然材料所组成的，受着材料本身条件的限制。

  主线任务：办公楼钢筋工程量计算。

  拓展任务：钢管工程量计算。

拟实现知识目标：

1. 熟悉金属结构工程量的计算规则。
2. 了解木结构工程量的计算规则。

拟实现能力目标：

能根据施工图纸及相关图集标准准确计算办公楼钢筋工程量。

拟实现素质目标：

1. 具备爱岗敬业的职业操守。
2. 具备认真细致的工作作风。
3. 具有良好的团队合作意识。

一、计算准备

根据所学填写下表中各类钢材计算公式。

名称	单位	计算公式 /mm
圆钢	kg/m	
等边角钢	kg/m	
不等边角钢	kg/m	
钢板	kg/m	
钢管	kg/m	

二、工程量计算

钢筋工程量汇总表

序号	直径 /mm	质量 /kg	序号	直径 /mm	质量 /kg
合计：					

续表

三、拓展任务练习

下图所示为一钢支架截面尺寸,计算该支架钢材重量(注:钢管间距为中心线距)。

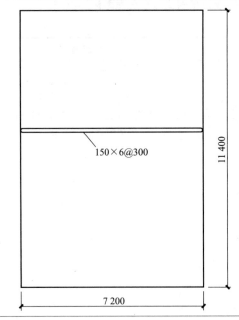
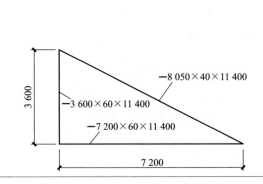

计算过程中遇到的问题及解决方案:

还有哪些没有解决的问题?

任务 9　屋面及防水工程量计算

姓名		班级		学号		总成绩	
所在团队						负责内容	

任务描述：
　　屋面及防水工程是施工较为复杂，也非常重要的一个部位，同时也是容易产生纠纷的一个部位，因此计算时需多加注意，确定各种使用材料后再进行计算。
　　本任务为计算屋面各层工程量。

拟实现知识目标：
　　1．掌握屋面的施工做法及工程量计算规则。
　　2．掌握防水施工做法及工程量计算规则。
　　3．了解其他有关概念及说明。

拟实现能力目标：
　　能根据施工图纸及相关图集标准准确计算办公楼屋面及防水工程量。

拟实现素质目标：
　　1．具备爱岗敬业的职业操守。
　　2．具备认真细致的工作作风。
　　3．具有良好的团队合作意识。

一、计算准备（根据计算规则及图纸回答以下问题）

1．关于屋面卷材防水工程量计算正确的是（　　）。
　　A．平屋顶按水平投影面积计算　　　　B．平屋顶找坡按斜面积计算
　　C．扣除放上烟囱、风道所占面积　　　D．女儿墙、伸缩缝的弯起部分不另增加

2．屋面及防水工程量计算中，下列正确的工程量计算规则有（　　）。（多选）
　　A．瓦屋面、型材屋面按设计图示尺寸以水平投影面积计算
　　B．膜结构屋面按设计尺寸以需要覆盖的水平面积计算
　　C．斜屋面卷材防水按设计尺寸以斜面积计算
　　D．屋面薄钢板排水管按设计尺寸以理论质量计算
　　E．屋面天沟按设计尺寸以面积计算

3．屋面及防水工程中变形缝的工程量应（　　）。
　　A．按设计图示尺寸以面积计算　　　　B．按设计图示尺寸以体积计算
　　C．按设计图示尺寸以长度计算　　　　D．不计算

4．关于平屋面与坡屋面说法正确的是（　　）。
　　A．坡屋面是指坡度系数大于 1∶15 的屋面
　　B．平屋面是指屋面排水坡度小于 10% 的屋面
　　C．坡屋面是指屋面排水系数大于 15% 的屋面
　　D．平屋面是指坡度系数小于 1∶15 的屋面

5. 关于防水工程说法正确的有（　　）。(多选)
   A. 建筑物墙基防水、防潮层，按主墙间净面积计算
   B. 建筑物地面防水、防潮层，外墙长度按中心线、内墙按净长线乘以宽度以面积计算
   C. 防水卷材的附加层、接缝、收头、冷底子油等工料不需单独计算
   D. 建筑物地面防潮层需扣除凸出地面的设备基础等所占体积，不扣除柱、垛、间壁墙面积
   E. 地下室防水层，按实铺面积计算，平面与立面交界处的防水层算至平面或立面防水，要看其上卷高度是多少

6. 关于卷材屋面说法正确的有（　　）。(多选)
   A. 卷材屋面（不用区分平屋面还是坡屋面）按图示尺寸的水平投影面积乘以规定的坡度系数计算
   B. 当图纸无规定时，伸缩缝、女儿墙的弯起部分可按 0.25 m 计算，天窗弯起部分按 0.5 m 计算；图纸有规定时，按图示尺寸计算
   C. 卷材屋面的附加层、接缝、收头、找平层的嵌缝、冷底子油需单独计算后套定额取费
   D. 卷材屋面计算时不扣除房上烟囱、风道、屋面小气窗和斜沟所占面积
   E. 屋面女儿墙按图示尺寸以面积计算并入屋面工程量

7. 本工程屋面结构形式是 _____。

8. 本工程屋面构造节点有 _____。

二、工程量计算

构件名称	计算式	工程量
找坡层		
保温层		
找平层		
防水层		

计算过程中遇到的问题及解决方案：

还有哪些没有解决的问题？

任务 10 防腐、保温隔热工程量计算

姓名		班级		学号		总成绩	
所在团队						负责内容	

任务描述：

防腐、保温隔热工程只需认真读图集及施工图纸，即可计算准确。保温材料图纸标明为苯板，但预算部经理告知甲方要求使用其他保温材料，现正与设计单位交涉，暂时按苯板计算，如发生变更再重新计算。

本任务为计算办公楼防腐、保温隔热工程量、楼地面工程量。

拟实现知识目标：

1. 掌握防腐、保温隔热工程量计算规则。
2. 了解防腐、保温隔热工程的一般做法。

拟实现能力目标：

能计算防腐、保温隔热工程量，能计算楼地面工程量。

拟实现素质目标：

1. 具备爱岗敬业的职业操守。
2. 具备认真细致的工作作风。
3. 具有良好的团队合作意识。

计算内容

1. 防腐工程

（1）地面防腐。

（2）墙面防腐。

（3）其他防腐。

2. 保温隔热工程

（1）外墙保温隔热。

（2）地面保温隔热。

（3）其他保温隔热。

计算要求：
将以上内容计算完成并汇总至计算书。
课上完成：外墙保温隔热工程量，以及楼地面工程中的踢脚、散水、坡道和台阶工程量。
计算过程中遇到的问题及解决方案：
还有哪些没有解决的问题？

任务 11　建筑工程措施项目工程量计算

姓名		班级		学号		总成绩	
所在团队						负责内容	

任务描述：

措施项目是指为了完成工程施工，发生于该工程施工前和施工过程中的非工程实体项目，建筑工程的措施项目主要包括脚手架、模板等。

拓展任务：计算某工程脚手架工程量。

拟实现知识目标：

1．掌握脚手架的分类和应用。
2．掌握脚手架工程量的计算规则。

拟实现能力目标：

能根据施工图纸及相关计算规则，准确计算脚手架工程量。

拟实现素质目标：

1．具备认真细致的工作作风。
2．具有较强的独立思考能力。

拓展任务练习

如下图所示，已知某工程采用钢管脚手架，试计算内墙砌筑脚手架工程量。

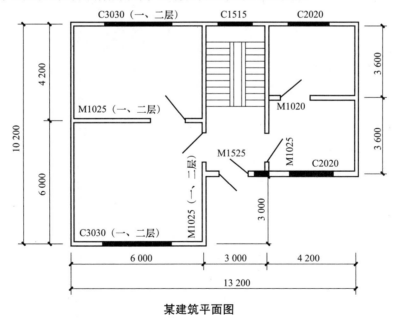

某建筑平面图

续表

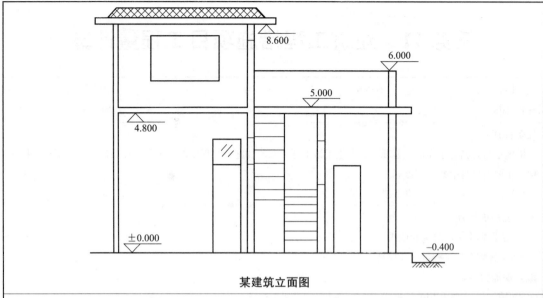

某建筑立面图

计算过程中遇到的问题及解决方案：

还有哪些没有解决的问题？

任务 12　楼地面工程量计算

姓名		班级		学号		总成绩	
所在团队						负责内容	

任务描述：

本工程土建工程量已计算完毕，现在开始计算装饰工程量。装饰工程量计算的第一个分部工程是楼地面工程，楼地面工程需要计算工程量的部位多，计算量大，容易混淆，因此在计算时应注意区分部位。

本任务是计算办公楼楼地面工程量。

拟实现知识目标：

1. 掌握楼地面工程的常见分类。
2. 掌握楼地面工程量计算规则。

拟实现能力目标：

能根据施工图纸及相关计算规则，准确计算楼地面工程量。

拟实现素质目标：

1. 具备认真细致的工作作风。
2. 具有较强的独立思考能力。

一、计算准备

熟悉某办公楼项目施工图纸，并结合计算规则回答以下问题（小组成员每人负责一层工程量计算，你计算的是第____层）。

1. 你负责计算的楼层采用的是什么面层材料？有哪些构造层？属于哪类面层（整体面层、块料面层或其他面层）？其工程量计算时是否扣除柱所占面积？是否需要将门洞开口部位并入工程量？

2. 你负责计算的楼层踢脚线采用什么材料？其工程量计算规则是什么？

3. 你负责计算的楼层楼梯是否有梯梁？是否为封闭楼梯间？楼梯面层工程量计算规则是什么？

续表

二、工程量计算

楼地面工程需要计算部位：

第____层楼面工程量，要求：小组成员每人各计算一层（包括楼梯面层工程量）。

定额编号	项目名称	计算式	单位	工程量

计算过程中遇到的问题及解决方案：

还有哪些没有解决的问题？

任务 13　墙、柱面装饰与隔断、幕墙工程量计算

姓名		班级		学号		总成绩	
所在团队						负责内容	

任务描述：
　　墙、柱面装饰是指建筑物空间垂直面的装饰，其涉及的施工工艺繁多，采用的材料种类也繁杂，因此计算工程量时应确保计算结果的准确性，为日后工程计价打下良好基础。
　　本任务是计算办公楼内墙面工程的工程量。

拟实现知识目标：
　1. 掌握墙、柱面装饰工程的常见分类。
　2. 掌握墙、柱面装饰与隔断、幕墙工程量的计算规则。

拟实现能力目标：
能根据施工图纸及工程量计算规则准确计算墙、柱面装饰与隔断、幕墙工程量。

拟实现素质目标：
　1. 具备认真细致的工作作风。
　2. 具有较强的独立思考能力。

一、计算准备

　　熟悉某办公楼项目施工图纸，并结合计算规则回答以下问题（小组成员每人负责一层工程量计算，你计算的是第＿＿＿层）。

　1. 你负责计算的楼层内墙面装饰有几种材料？分别装饰在什么部位？其工程量计算规则是什么？是否需要将门洞侧壁面积、附墙柱侧面面积并入工程量？

　2. 你负责计算的楼层外墙面装饰有几种材料？分别装饰在什么部位？其工程量计算规则是什么？是否需要将门洞侧壁面积、附墙柱侧面面积并入工程量？

　3. 你负责计算的楼层有无墙裙？若有设置在什么位置？计算墙裙工程量时应注意什么问题？

续表

4. 统计你负责计算的楼层的门窗表信息。

5. 你负责计算的楼层内、外墙面高度分别为多少?

二、工程量计算

第____层内、外墙面装饰工程量,要求:小组成员每人各计算一层。

定额编号	项目名称	计算式	单位	工程量

计算过程中遇到的问题及解决方案:

还有哪些没有解决的问题?

任务 14　天棚工程量计算

姓名		班级		学号		总成绩	
所在团队						负责内容	

任务描述：
　　天棚是指建筑施工过程中，位于楼面底板或屋面底板下的构造层，也称顶棚。天棚工程量的计算技巧是可参照楼地面工程量，进行相应构件工程量的增加或扣减，以减少计算任务的强度。
　　本任务是计算天棚工程的工程量。

拟实现知识目标：
　　1. 了解天棚装饰的分类。
　　2. 掌握天棚工程量的计算规则。

拟实现能力目标：
能根据施工图纸及工程量计算规则准确计算天棚装饰工程量。

拟实现素质目标：
　　1. 具备认真细致的工作作风。
　　2. 具有较强的独立思考能力。

一、计算准备

熟悉某办公楼项目施工图纸，并结合计算规则回答以下问题（小组成员每人负责一层工程量计算，你计算的是第_____层）。

1. 你负责计算的楼层天棚装饰有几种材料？分别装饰在什么部位？

2. 你负责计算的楼层是否有带梁天棚？若有设置在什么位置？计算工程量时需注意什么问题？

3. 你负责计算的楼层是否有吊顶？若有采用的是什么材料？设置在什么位置？计算规则是什么？

035

续表

二、工程量计算

第____层天棚装饰工程量，要求：根据图纸及计算规则，小组成员每人各计算一层。

定额编号	项目名称	计算式	单位	工程量

计算过程中遇到的问题及解决方案：

还有哪些没有解决的问题？

任务 15　门窗工程量计算

姓名		班级		学号		总成绩	
所在团队						负责内容	

任务描述：

门窗工程量计算规则较简单，但涉及的名词概念、门窗的分类和采用的材料及相应的构造都较多，因此，在能够熟练计算门窗工程量之前，应做好准备工作。

本任务是计算门窗工程的工程量。

拟实现知识目标：

1. 了解门窗的分类。
2. 掌握门窗工程量的计算规则。

拟实现能力目标：

能根据施工图纸及工程量计算规则准确计算门窗装饰工程量。

拟实现素质目标：

1. 具备认真细致的工作作风。
2. 具有较强的独立思考能力。

一、计算准备

熟悉某办公楼项目施工图纸，并结合计算规则回答以下问题（小组成员每人负责一层工程量计算，你计算的是第____层）。

1. 你负责计算的楼层门窗采用的是什么材料？门窗有几种形式？

2. 你负责计算的楼层涉及的门窗的计算规则是什么？

二、工程量计算

第____层门窗装饰工程量，要求：根据图纸及计算规则，小组成员每人各计算一层。

定额编号	项目名称	计算式	单位	工程量

计算过程中遇到的问题及解决方案：

还有哪些没有解决的问题？

任务 16　油漆、涂料、裱糊工程工程量计算

姓名		班级		学号		总成绩	
所在团队						负责内容	

任务描述：
　　油漆是涂料的旧名，建筑工程一般用人造漆；建筑涂料是一种色彩丰富、质感强、施工简便的装饰材料；裱糊是用墙纸墙布、丝绒锦缎、微薄木等材料，通过裱贴方式覆盖于室内墙、柱、顶面及各种装饰造型构件表面的装饰工程。
　　主线任务：计算油漆、涂料工程的工程量。
　　拓展任务：计算墙纸裱糊工程量。

拟实现知识目标：
1. 了解油漆、涂料、裱糊的种类。
2. 掌握油漆、涂料、裱糊工程量的计算规则。

拟实现能力目标：
能根据施工图纸及工程量计算规则准确计算油漆、涂料、裱糊装饰工程量。

拟实现素质目标：
1. 具备认真细致的工作作风。
2. 具有较强的独立思考能力。

一、计算准备

熟悉某办公楼项目施工图纸，并结合计算规则回答以下问题（小组成员每人负责一层工程量计算，你计算的是第____层）。

1. 你负责计算的楼层有哪些油漆项目？

2. 你负责计算的楼层涉及的油漆项目的计算规则是什么？

3. 你负责计算的楼层有无涂料工程？若有在什么位置？工程做法是什么？其工程量计算规则是什么？

二、工程量计算

第_____层油漆工程量，要求：根据图纸及计算规则，小组成员每人各计算一层。

定额编号	项目名称	计算式	单位	工程量

第_____层涂料工程量，要求：根据图纸及计算规则，小组成员每人各计算一层。

定额编号	项目名称	计算式	单位	工程量

三、拓展任务练习

下图所示为墙面贴壁纸示意,墙高为 2.9 m,踢脚板高为 0.15 m,试计算墙面贴壁纸工程量。其中,M1 为 1.0×2.0 m^2,M2 为 0.9×2.2 m^2,C1 为 1.1×1.5 m^2,C2 为 1.6×1.5 m^2,C3 为 1.8×1.5 m^2。

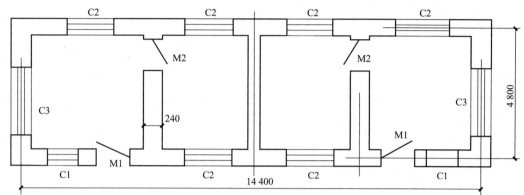

墙面贴壁纸示意

计算过程中遇到的问题及解决方案:

还有哪些没有解决的问题?

任务 17　其他装饰工程工程量计算

姓名		班级		学号		总成绩	
所在团队						负责内容	

任务描述：
　　其他装饰工程是指与建筑装饰工程相关的柜类、货架、装饰线、浴室配件、招牌、灯箱、美术字、室内零星装饰等，本任务涵盖内容繁多且构造多样，需认真了解后，才能掌握各分项工程的工程量计算规则。
　　本拓展任务是完成其他装饰工程量的计算。

拟实现知识目标：
　1．了解其他装饰工程的种类。
　2．掌握其他装饰工程工程量的计算规则。

拟实现能力目标：
能根据施工图纸及工程量计算规则准确计算其他装饰工程装饰工程量。

拟实现素质目标：
　1．具备认真细致的工作作风。
　2．具有较强的独立思考能力。

拓展任务练习
　1．某货柜如图 1 所示，试计算其工程量。

　2．如图 2 所示，某办公楼走廊内安装一块带框镜面玻璃，采用铝合金条槽线形镶饰，长为 1 500 mm，宽为 1 000 mm，计算装饰线工程量。

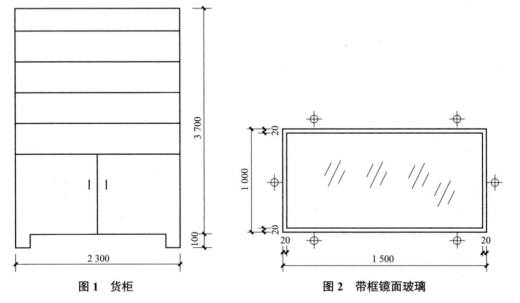

图 1　货柜　　　　　　　　　　　图 2　带框镜面玻璃

3. 平墙式暖气罩如图3所示，五合板基层，榉木板面层，机制木花格散热口，共18个，试计算其工程量。

4. 图4所示为某浴室镜箱示意，计算其工程量。

5. 如图5所示，某商店前设一灯箱，长为1.5 m，高为0.6 m，计算其工程量。

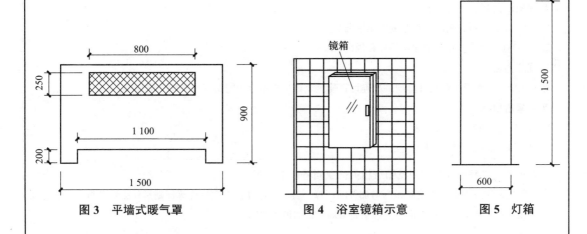

图3　平墙式暖气罩　　　　图4　浴室镜箱示意　　　　图5　灯箱

计算过程中遇到的问题及解决方案：

还有哪些没有解决的问题？

任务 18　装饰工程措施项目工程量计算

姓名		班级		学号		总成绩	
所在团队						负责内容	

任务描述：

装饰工程措施项目是指为了完成工程施工，发生于该工程施工过程中的非工程实体项目，如垂直运输和超高施工等。

主线任务：完成办公楼垂直运输工程量的计算。

拓展任务：完成超高增加费的计算。

拟实现知识目标：

1. 熟悉垂直运输、超高增加费的使用说明。
2. 掌握垂直运输、超高增加费的计算规则。

拟实现能力目标：

能根据施工图纸及工程量计算规则准确计算建筑装饰工程垂直运输工程量、超高增加费。

拟实现素质目标：

1. 具备认真细致的工作作风。
2. 具有较强的独立思考能力。

一、依据所学工程量计算规则及图纸相关信息回答以下问题

本工程是否涉及垂直运输费和超高增加费的计算？若需要计算其工程量计算规则是什么？并将工程量计算过程写在下方，若不涉及垂直运输费和超高增加费，请说明原因。

二、拓展任务练习

某高层建筑如下图所示,框架剪力墙结构,共 11 层,采用自升式塔式起重机及单笼施工电梯,试计算超高增加费。

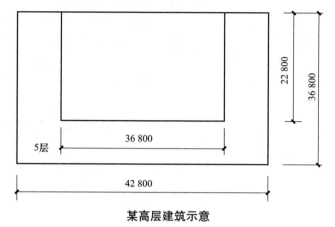

某高层建筑示意

计算过程中遇到的问题及解决方案：

还有哪些没有解决的问题？

项目编辑：瞿义勇
策划编辑：李 鹏
封面设计：易细文化

免费电子教案下载地址
www.bitpress.com.cn

北京理工大学出版社
BEIJING INSTITUTE OF TECHNOLOGY PRESS

通信地址：北京市海淀区中关村南大街5号
邮政编码：100081
电话：010-68944723 82562903
网址：www.bitpress.com.cn

关注理工职教
获取优质学习资源

ISBN 978-7-5763-1960-6

定价：49.80元
（含配套任务书）